Dr. Bahram Bahrami

Das Geheimnis
der
Entstehung des Universums

Meine DPNS-Theorie

2. überarbeitete Auflage

*Der Autor, Dr. Bahram Bahrami, hat Medizin und Physik studiert und ist Facharzt für innere Medizin . **Er beschäftigt sich mit der theoretischen Forschung der Naturwissenschaften mit dem Schwerpunkt Astronomie Physik und Medizin, hat zahlreiche bahnbrechende Theorien entwickelt, viele Entdeckungen gemacht und bereits mehrere Bücher publiziert.***

Die Prinzipien der Natur sind meist sehr einfach. Die Einfachheit ist jedoch so groß , daß sie zu durchschauen äußerst schwer sein kann.

Dr. B. Bahrami

Für die freundliche Überlassung der Bilder möchte ich mich
bei Nasa und PixelQuelle bedanken .

Dieses Buch wird meiner lieben Frau Gerda gewidmet.

Inhaltsverzeichnis

Einleitung

Dieses Buch wendet sich nicht nur an die Fachleute, sondern auch an das breite interessierte Publikum. Deswegen wurde bewußt versucht, soweit wie möglich, die Thematik durch einen relativ einfachen und gut verständlichen Text, durch viele Abbildungen, Graphiken und Zeichnungen auch für interessierte Laien verständlich und zugänglich zu machen.

Denn es muß jeden von uns interessieren und uns alle angehen, wie unsere Welt entstanden und beschaffen ist, woher wir kommen und was später aus uns und unseren Nachkommen werden wird.

Aber abgesehen von diesen Aspekten, **dürften die in diesem Buch abgehandelten äußerst faszinierenden Phänomene und deren Erklärungen jeden von uns beeindrucken und interessieren.**

Es wurde bei diesem Buch bewußt versucht, auf jeden unnötigen Ballast und jegliche Umschweife zu verzichten, um das Buch möglichst kompakt und übersichtlich zu halten, und ferner, um viel Platz zu lassen für eigene Phantasien der Leser.

Dieses Buch unterscheidet sich von den meisten Büchern dadurch, daß es nicht nur die neuesten Erkenntnisse der Wissenschaft auf diesem Gebiet wiedergibt, sondern daß der Autor versucht, auch viele Fragen bezüglich der verschiedenen Phänomene und Rätsel der Natur zu beantworten, worauf bisher **niemand** eine Antwort gefunden hat bzw. die **bisher unerklärbar** waren. **Meine Theorie der Entstehung des Universums bzw. meine Schöpfungstheorie (DPNS-Theorie)** löst und beantwortet ferner die meisten Fragen der Schöpfung, und insbesondere auch die Fragen, die bisher von niemandem beantwortet werden konnten, und zwar äußerst logisch und soweit wie möglich in allgemein verständlicher Form.

Deswegen erschließt und berührt dieses Buch viel Neuland und ist im Gegensatz zu vielen anderen Büchern, die nur bekannte Tatsachen und Erkenntnisse wiedergeben, weniger reproduktiv, sondern mehr **kreativ und schöpferisch.**

Mehr möchte ich Ihnen an dieser Stelle nicht verraten, vielmehr es Ihnen selbst überlassen, die Faszinationen dieses Buches bei der Lektüre selbst zu entdecken.

Dr. B. Bahrami

Kapitel 1

Einführung in die Thematik

Wir rasen mit unvorstellbar großen Geschwindigkeiten durch das Universum, der Boden unter unseren Füßen bebt ständig, die Zeit rast, unsere Erde wird laufend von Meteoriten bombardiert, die elementaren Bestandteile unseres Körpers werden ständig gegen neue ausgetauscht, so daß wir in laufender Veränderung begriffen sind; und das erstaunliche ist, daß wir von all diesen Vorgängen nichts merken.
Woher sind wir gekommen? Wohin gehen wir? Was wird aus uns werden? Was ist der Sinn des Seins?

Wir stehen keineswegs auf einem stabilen Boden, und überhaupt: Unsere Welt, in der wir leben, ist alles andere als stabil.
Unsere **Erde** steht nicht still, sondern dreht sich mit einer enormen Geschwindigkeit von ca. 465 m/s (gemessen am Äquator) um die eigene Achse, und umkreist außerdem unsere Sonne mit einer Riesengeschwindigkeit von 29,8 km/s.

Auch unsere **Sonne** steht nicht still, sondern dreht sich zusammen mit unserer Erde und ihren übrigen Planeten um das Zentrum unserer Galaxie, und zwar mit einer völlig unvorstellbaren Geschwindigkeit von 150–250 km/s.

Zum Vergleich: Wenn wir uns mit dem Auto auf der Autobahn mit einer Geschwindigkeit von ca. 160 km/h bewegen (wohl bemerkt pro *Stunde* und nicht pro Sekunde), so kommt uns die Geschwindigkeit sehr hoch vor; unsere modernen Passagierflugzeuge fliegen mit einer Geschwindigkeit von etwas über 1.000 km/h und die Schallgeschwindigkeit beträgt 331 m/s in der Luft.

Unsere **Galaxie** bewegt sich ihrerseits zusammen mit unserer Erde und mit unserem gesamten Sonnensystem im Rahmen der Expansion des Universums ebenfalls mit einer enormen und völlig unvorstellbaren Geschwindigkeit. **Alle diese Bewegungen spüren wir nicht.**

Ich weiß nicht, ob Sie sich darüber Gedanken gemacht haben, daß infolge dieser diversen Bewegungen **sich die Lage unseres Standortes im Universum laufend ändert.** Durch die einjährigen Umkreisungen der Sonne befinden wir uns jeden Tag an einer anderen Stelle der Umlaufbahn. Dadurch daß unsere Sonne sich um die Achse unserer Galaxie dreht, ändert sich ebenfalls ständig unsere Lage im Universum; **wir kommen jedoch niemals mehr an denselben Punkt wieder zurück,** da wir uns zusammen mit unserer gesamten Galaxie in der Expansionsrichtung des gesamten Universums ausdehnen, **somit haben wir jeden Tag einen anderen Standort im Universum. Damit ist kein Tag genauso wie der Vortag, obwohl das einem gar nicht bewußt wird.**

Auch unsere Erde selbst ist alles andere als stabil. Ihre Oberfläche besteht keineswegs aus einer einzigen festen Platte, sondern aus 14 größeren und 38 kleineren sogenannten **Platten**, ähnlich wie Eierschalen, die gegeneinander beweglich sind. Zwischen diesen Platten bauen sich laufend Spannungen auf, die von Zeit zu Zeit kurze, aber heftige Bewegungen in Form von **Erdbeben** auslösen und erhebliche Schäden anrichten. Sie sind durchaus in der Lage, innerhalb von Sekunden bzw. Minuten ganze Städte zu vernichten. So z. B. das große Erbeben in San Francisco im Jahre 1906.

Von Zeit zu Zeit brechen ferner **Vulkane** aus, die ebenfalls schon ganze Städte vernichtet haben, so z. B. der Vesuv die Stadt Pompeji im Jahre 106 n. Chr.

Die **Kontinente** unserer Erde sind ferner keineswegs immer so gewesen, wie wir sie heute kennen, sondern sahen früher völlig anders aus. So hingen die afrikanische und die amerikanische Kontinentalplatte zusammen. Sie haben sich im Laufe der Erdgeschichte voneinander getrennt und weit entfernt, so daß heute bekanntlich ein ganzer Ozean dazwischenliegt.

Auch heute verändern sich die Kontinente laufend, z. B. an einigen Stellen wandern die Randbereiche ins Meer, so daß das Meer laufend größer und der Kontinent kleiner wird.

Im Laufe unserer Erdgeschichte sind ferner an einigen Stellen größere **Berge** entstanden, wo es früher flach war.

Die atomaren Bestandteile unseres Körpers werden laufend durch neue ausgetauscht (das wissen wir durch radioaktive Markierungen), **so daß auch wir uns laufend verändern**. Im Laufe der Jahre setzt sich unser Körper dann aus anderen Atomen und Molekülen zusammen als früher. Selbstverständlich ändern sich dadurch nicht Zusammensetzung, Aufbau, Struktur und Planung unseres Körpers, die durch unsere **Chromosomen** vorgegeben sind. In unserem Körper laufen darüber hinaus ständig zahlreiche chemische Reaktionen ab, ja unser Körper ist eine perfekte chemische Fabrik mit enormer Leistung. Unter der Einwirkung von **Enzymen** werden die aufgenommenen Nahrungsmittel gespalten, es finden **Dehydrierungen und Oxydationen statt mit Energiegewinnung**, und es entstehen laufend neue Substanzen bzw. chemische Verbindungen. Alle diese Vorgänge bleiben uns ebenfalls verborgen.

Unsere Erde wird laufend von Meteoriten buchstäblich bombardiert, die allerdings in der Regel durch unsere Atmosphäre zerstört werden. Nur selten gelingt es einigen Meteoriten, die auch größer sein können, oder Asteroiden, bis zur Erdoberfläche vorzudringen und Spuren zu hinterlassen. **Dann können durch die Wucht des Aufpralls größere Krater auf der Erdoberfläche entstehen und die Wirkungen verheerend sein.** Solche Krater sind z. B. das Nördlinger Ries mit einem Durchmesser von 24 Kilometern in Deutschland, entstanden vor ca. 15 Millionen Jahren, der etwas größere Brent-Krater in Kanada, entstanden vor etwa 500 Millionen Jahren, oder der Arizona-Krater in den USA mit einem Durchmesser von 1,3 Kilometern, der vor etwa 25.000 bis 30.000 Jahren entstanden ist.

Weiter draußen im Universum geht es fast abenteuerlich zu, und es sind gewaltige Explosionen im Gange. Es entstehen laufend neue Sterne und Planeten, andere Sterne werden wieder zerstört, und es entstehen dabei manchmal gewaltige Explosionen in Form von **Supernova-Explosionen** mit einer unvorstellbar großen Energiefreisetzung. Die Folgen solcher Explosionen bleiben am Himmel viele Jahre danach noch sichtbar. Ein gutes Beispiel ist der Krebsnebel als Rest einer Supernova-Explosion im Jahre 1054, die von Chinesen beobachtet worden ist und mit bloßem Auge damals in Form eines sehr hellen Sterns am Himmel sichtbar war.

Es ist uns allen bekannt, daß wir nicht die ersten Lebewesen auf unserem Planeten Erde sind, sondern vor der Entstehung der Menschen andere Lebewesen auf der Erde gelebt haben. **Unsere Erde existiert schon seit ca. 4,6 Milliarden Jahren.**

Die ersten (primitiven) Lebewesen, die einzellig waren, entstanden schon vor ca. 4 Milliarden Jahren, und zwar in den Meeren.
Im Laufe einer langen **Evolution**, die keineswegs schon abgeschlossen ist, entstanden aus den **Einzelligen** auch **Mehrzellige** Lebewesen, die sich immer weiter entwickelten.

Die Atmosphäre enthielt damals noch keinen Sauerstoff, und es konnte sich deshalb keine Ozonschicht bilden. Deswegen konnte sich noch kein Lebewesen auf dem Land entwickeln, da die damalige Atmosphäre die UV-Strahlen wegen der fehlenden Ozonschicht ganz durchließ, die jegliches Leben auf dem Lande zerstört hätten.
Die Sache änderte sich jedoch, als in der Atmosphäre Sauerstoff auftauchte, und zwar durch die Photosynthese, hauptsächlich durch die im Laufe der Zeit entstandenen Algen.
Durch die Verbindung von jeweils drei Sauerstoffatomen **bildete sich sodann eine Ozonschicht in der oberen Atmosphäre, die die UV-Strahlen abfilterte und somit die Voraussetzung für die Entstehung und das Überleben der Lebewesen außerhalb des Wassers, nämlich auf dem Land, schuf.** Es entstanden langsam Sträucher und Bäume, die durch die Photosynthese die Atmosphäre sauerstoffreicher machten.

Die zuerst entstandenen primitiven Tiere lebten ebenfalls zuerst im Wasser, wie es die Fische heute noch tun. Später entstanden Tiere und Pflanzen, die nunmehr auf dem Land leben konnten. Die Evolution ging Schritt für Schritt immer weiter, bis die Primaten und schließlich die Menschen entstanden.

Wer hat den Menschen geschaffen? Wie entstanden die Lebewesen auf der Erde? Sind wir schon perfekt, oder schreitet die Evolution weiter fort und macht auch vor uns keinen Halt? Sind wir die intelligentesten Lebewesen im Universum?
Im Laufe dieses Buches werden alle diese Fragen und auch noch mehr beantwortet, deswegen lohnt es sich, weiterzulesen.

Wir sind keineswegs alleine im Universum! Wenn wir nachts den Himmel betrachten, so sehen wir schon mit bloßen Augen eine sehr große Zahl von Sternen. Mit einem Fernglas wird die Zahl größer, und mit einem großen Teleskop werden wir schließlich feststellen, daß Milliarden solcher Sterne am Himmel existieren. Es handelt sich dabei meistens um Galaxien, die ihrerseits wiederum aus Milliarden Sternen bestehen. Jeder dieser Sterne ist eine Sonne, ähnlich wie unsere Sonne, und einige von ihnen haben ebenfalls Planeten, auf denen sich ebenfalls Leben und sicherlich auch intelligente Lebewesen entwickelt haben. **Wir auf der Erde sind deswegen keineswegs die einzigen und die am höchsten entwickelten Lebewesen im Universum.**

Das Problem ist jedoch, mit den anderen Zivilisationen im Universum eine Verbindung herzustellen.
Wir haben es im Universum mit **enorm großen Dimensionen und Entfernungen** zu tun. Deswegen werden die Entfernungen in Lichtjahren angegeben. Ein Lichtjahr ist die Strecke, die das Licht in einem Jahr zurücklegt. Wenn wir

uns vergegenwärtigen, daß die Lichtgeschwindigkeit 300.000 km/s beträgt und einige Quasare Milliarden von Lichtjahren von uns entfernt sind, **so wird uns klar, mit welch enorm großen Dimensionen wir es im Universum zu tun haben.** Diese enormen Entfernungen werden aber ständig noch größer, da das Universum sich immer weiter mit großer Geschwindigkeit expandiert.

Wegen dieser enorm großen Dimensionen und Entfernungen erscheint **eine Reise zu anderen Sternen** und anderen Sonnensystemen nach dem jetzigen Stand der Technik unmöglich, was allerdings nicht automatisch bedeutet, daß eine solche Reise in Zukunft nicht möglich sein wird, wenn unsere Technik weiter fortschreitet. Ich muß daran erinnern, daß es noch vor ca. sechzig Jahren keiner für möglich gehalten hat, daß Menschen eines Tages zum Mond reisen und dort sogar landen könnten, eine Sache, die heute schon längst Wirklichkeit geworden ist und keine Probleme bereitet.

Trotz der enormen Fortschritte in der Astronomie sind jedoch unsere Kenntnisse über das Universum und dessen Entstehung immer noch sehr dürftig. Auch die Daten, die das Hubble-Teleskop liefert, führen zwar zu immer neuen Entdeckungen, doch die dadurch aufgeworfenen Fragen, die größtenteils nicht beantwortet werden können, sind jedoch fast viel größer als die Entdeckungen.

Wir wissen seit Kopernikus, daß unsere Erde nicht der Mittelpunkt des Universums ist, sondern daß unsere Erde, genauso wie die anderen Planeten unseres Sonnensystems, sich um unsere Sonne dreht. Wir wissen, daß auch unsere Sonne nicht der Mittelpunkt des Universums ist, sondern daß unser Sonnensystem in unserer Galaxie integriert ist. Es ist uns ferner bekannt, daß auch unsere Galaxie nicht der

Mittelpunkt des Universums ist, sondern daß es sogar Milliarden von weiteren Galaxien gibt.

Wir wissen bis heute nicht einmal, wie unser Koordinatensystem im Universum steht, d. h. wie die Orientierung unserer Erde, unseres Sonnensystems und unsere Galaxie im Universum ist; steht z. B. die Ebene unseres Sonnensystems bzw. die Scheibe unserer Galaxie horizontal, senkrecht oder schräg zum Zentrum bzw. zur Außenfläche des Universums?

Wir wissen bisher auch nicht, wo das Zentrum und die Außenfläche des Universums sind und in welcher Richtung die Hauptexpansion des Universums verläuft. **Wir kennen somit bis heute nicht einmal unsere genaue Orientierung im Universum. Wir könnten dies aber durch eine weitere Theorie von mir feststellen, die demnächst im Rahmen eines weiteren Buches publiziert werden wird (vergl. auch meine diesbezügliche wissenschaftliche Arbeit mit genauen Angaben, wie dies zu bewerkstelligen ist).**

Wir haben sehr großes Glück gehabt, daß unsere Sonne Planeten hat und einer dieser Planeten, nämlich die Erde, zufällig die richtige Entfernung zur Sonne aufweist, so daß es auf seiner Oberfläche weder zu heiß noch zu kalt ist, sondern eine optimale Temperatur zum Leben besteht. Wir haben ferner Glück gehabt, daß dieser Planet Erde **groß genug ist**, um eine **ausreichende Gravitationskraft** zu besitzen, um die **Atmosphäre** über eine ausreichend lange Zeit festzuhalten, daß sich durch die Vulkane ausreichend **Wasser** darauf sammeln konnte und nicht durch eine zu hohe Temperatur verdampft und entwichen ist, und ferner, daß durch die **Photosynthese** der im Laufe der Evolution entstandenen Algen und der anderen Pflanzen sich

Sauerstoff in der Atmosphäre gebildet und gesammelt hat, so daß sich nach den Pflanzen und Tieren nach ca. 4,6 Milliarden Jahren seit Entstehung der Erde zuletzt auch Menschen darauf entwickeln konnten.

Wäre die Erde zu heiß, zu kalt oder kein Wasser vorhanden, so wären keine Lebewesen auf der Erde entstanden. **Wäre kein Sauerstoff vorhanden, hätten sich ebenfalls keine Tiere und keine Menschen darauf entwickeln können.**
Wir kennen mittlerweile viele Daten von anderen Planeten unseres Sonnensystems und wissen deswegen, **warum sich auf den anderen Planeten unseres Sonnensystems kein Leben entwickeln konnte**.

Wie bereits erwähnt, gibt es Milliarden Sonnen im Universum. Nicht jede Sonne weist Planeten auf, und nicht jeder Planet hat diese optimalen Bedingungen wie unsere Erde. Wo aber im Universum diese optimalen Bedingungen (z. B. gemäßigte Temperaturen, optimale Größe bzw. Gravitation, Wasser, Sauerstoff) vorliegen, dürfte sich ebenfalls Leben entwickelt haben, auch intelligente Lebewesen wie wir und Zivilisationen. Wir sind somit keineswegs einzig oder alleine im Universum.

Wie wir bereits darauf hingewiesen haben, **stellen jedoch die riesengroßen Entfernungen ein sehr großes Problem dar, mit anderen Zivilisationen etwa durch elektromagnetische Wellen Kontakt aufzunehmen. Damit verbunden sind ferner die riesengroßen Zeitdimensionen**. Bis z. B. ein von der Erde gesendetes Signal bei einer anderen Zivilisation oder ein von anderswo im Universum gesendetes Signal auf der Erde ankommt, kann es Hunderte und Tausende von Jahren dauern. Die Menschen, die diese Signale gesendet haben, leben jedoch dann nicht mehr, ganz abgesehen von den

Verständigungsschwierigkeiten beim Senden und Empfangen der Signale.

Wir wissen außerdem nicht, wie lange solche Zivilisationen wie auf der Erde dauern und ob sie eine genügend lange Zeit existieren werden, damit ein Datenaustausch möglich würde.

Wohin gehen wir? Was wird aus uns werden? Was ist der Sinn des Seins?

Auch diese Fragen werde ich im Laufe dieses Buches beantworten, und Sie werden sehen, daß es in unserer Welt viele weitere faszinierende Phänomene gibt, so daß es sich lohnt, dieses Buch weiterzulesen.

Kapitel 2

Wunderschöne Natur

Die Welt ist voller Schönheit, voller Wunder und gleichzeitig voller Rätsel und Geheimnisse.

Die Methoden der Natur sind meistens äußerst einfach. Die Einfachheit ist jedoch in der Regel so groß, daß sie zu durchschauen große Schwierigkeiten bereiten kann.

Wenn wir das Geheimnis der Schöpfung enträtseln wollen, müssen wir uns zunächst mit den einzelnen Bestandteilen und Erscheinungen der Schöpfung befassen und sie uns genau ansehen, bevor wir dann Schritt für Schritt und äußerst logisch vorgehen.

Das fängt mit der Betrachtung der Natur mit ihren Bestandteilen und Erscheinungen an, womit wir uns in diesem Kapitel beschäftigen wollen. Dadurch werden wir gleichzeitig am besten in die Thematik eingeführt.

Die Natur ist wunderschön. Wir schauen uns zunächst einige faszinierende Bilder an:

Begonie

(Abb. 1)

Seerose

(Abb. 2)

Bildquelle: PixelQuelle.de

Rose

(Abb. 3)

Orchidee

(Abb. 4)

Die beeindruckende Schönheit der **Blumen**, die Sie auf den Abbildungen 1, 2, 3 und 4 sehen (eine Begonie, eine Seerose, eine Rose und eine Orchidee), spricht für sich selbst und bedarf somit keines weiteren Kommentars.

Es gibt bekanntlich eine **riesengroße Anzahl an Tier- und Pflanzenarten auf unserer Erde**, so daß hier nur einige wenige Beispiele herausgegriffen werden konnten.

Es gibt aber nicht nur Schönheiten auf der Erde, sondern das ganze Universum ist voller Pracht.

Auf der Abb. 5 sehen wir unsere **Erde**, wie sie uns vom Weltraum erscheint. Sie nimmt in unserem Sonnensystem eine Sonderstellung ein, nicht nur wegen ihrer blauen Farbe, sondern auch deswegen, weil sie der einzige Planet ist, wo höher entwickelte intelligente Lebewesen existieren.
Schon ihre blaue Farbe verrät von weitem, daß hier größere Wassermengen vorhanden sind, eine wichtige Voraussetzung für die Entstehung des Lebens.

Erde

(Abb. 5)

Abb. 6 zeigt unsere **Sonne** mit ihren sogenannten Sonnenflecken. Auf der Sonnenoberfläche herrschen Temperaturen von ca. 5777 K, im Sonneninneren sogar Temperaturen von ca. 16 Millionen K. Jegliches Leben würde dort deswegen sofort zerstört werden.
Von der Ferne ist die Sonne aber ein wahrer Lebensspender, da ihre Sonnenstrahlen, die uns auf der Erde erreichen, unerläßlich für die Existenz der Lebewesen hier auf der Erde sind.

Sonne

(Abb. 6)

Abb. 7 zeigt eine **Galaxie**, die ihrerseits die Beherbergungsstätte von Milliarden von Sternen bzw. Sonnen ist.

Galaxie

(Abb. 7)

Und auf der Abb. 8 sehen wir schließlich einen Ausschnitt unseres Sternenhimmels:

Sternenhimmel

(Abb. 8)

Wir haben bereits im vorigen Kapitel darauf hingewiesen, daß wir es im **Universum** mit **riesengroßen Entfernungen und Dimensionen** zu tun haben. Unsere Erde mit den ganzen Lebewesen nimmt im Universum einen äußerst winzigen Platz ein. Auch unsere Sonne ist nur ein Stern unter Milliarden Sternen.

Mehrere Milliarden Sterne (Sonnen) schließen sich zu einer **Galaxie** zusammen. Auch unsere **Milchstraße** ist eine solche Galaxie mit Milliarden Sternen. Die Zahl der Galaxien ist im Universum ebenfalls enorm groß, und es gibt mehrere **Milliarden** davon.

Wir bereits erwähnt, sind die Entfernungen und Dimensionen so groß, daß sie in **Lichtjahren** angegeben werden.
Das Licht benötigt ca. 8,31 Minuten, um die Strecke zwischen der Sonne und unserer Erde zu überqueren, obwohl die mittlere Entfernung der Sonne von der Erde ca. 149,6 Millionen Kilometer beträgt.

Wenn wir unser Sonnensystem verlassen, so werden die Dimensionen noch erheblich größer. **Der nächste Stern (Alpha Centauri)** ist schon 4,3 Lichtjahre von uns entfernt. **Alleine der Radius unserer Galaxie beträgt ca. 50.000 Lichtjahre.** Die Abstände zwischen den Galaxien sind ca. hundertmal größer als die Galaxien selbst.

Die Abstände und Entfernungen werden immer riesiger und unvorstellbarer. Die Sterne, die wir kennen, sind teilweise **einige Milliarden Lichtjahre** von uns entfernt. Wenn wir sie uns anschauen, d. h. wenn das Licht von ihnen auf der Erde ankommt, **so sehen wir deswegen praktisch in die Vergangenheit**, wie sie also vor Milliarden Jahren ausgesehen haben, als das Licht, das hier ankommt, sie verlassen hat. Ob sie heute noch existieren bzw. wie sie heute aussehen würden, wissen wir deswegen nicht.

Wenn wir die Natur betrachten, fällt sofort auf, daß wir es dort mit **äußerst vielfältigen Erscheinungen** zu tun haben.

Man fragt sich, warum die Natur so vielfältig ist und warum so viele Erscheinungen und so verschiedene Sorten existieren.

Haben Sie sich z. B. schon einmal die Frage gestellt, weshalb so viele Tier- und Pflanzenarten auf der Erde leben, **würde nicht nur eine Tierart und eine Pflanzenart genügen?**

Diese große Vielfalt hat ihren Grund darin, daß in der Natur bzw. im Rahmen der **Evolution das Bestreben besteht zu überleben** und daß von vornherein keineswegs bekannt ist, welche Art die größte **Überlebenschance** hat.

Es handelt sich somit um Experimente der Natur, durch ständige Umwandlung, Verbesserung und Evolution möglichst perfekte Arten zu schaffen, die die besten Überlebenschancen besitzen.

Zum Beispiel entstehen Arten, die keine große Überlebenschance haben, da die von ihnen benötigten speziellen Nahrungsmittel knapp sind oder knapp werden. Oder es entstehen irgendwelche Arten, deren Überlebenschance deswegen sehr gering ist, weil sie sehr große Feinde haben, denen sie nicht gewachsen sind; z.B. sie werden von anderen Tieren gefressen, denen sie schutzlos ausgeliefert sind. Es ist klar, daß fertige Individuen nur sehr begrenzte Möglichkeiten haben, sich an diese Faktoren anzupassen. Es müssen also neue Arten und neue Individuen entstehen, die die Fähigkeiten haben, mit diesen Problemen fertig zu werden, sei es, daß sie anders aussehen, sich vielleicht besser tarnen können, vielleicht erheblich schneller laufen können oder andere Abwehrmöglichkeiten besitzen, etwa Hörner oder scharfe Zähne.

Es erheben sich in diesem Zusammenhang aber sofort die äußerst interessanten, jedoch bis jetzt in der Wissenschaft unbeantwortet gebliebenen Fragen: Wie werden diese Informationen zur Entstehung neuer Arten weitergegeben, wie entstehen neue Arten, wer plant dies alles, wer denkt über die Abhilfe und über die neuen Pläne nach und wie wird das durchgeführt?

Für die Vererbung, Weitergabe der Informationen an die Nachkommen, Baupläne der Körper und Verwirklichung dieser Pläne bei allen Lebewesen, sei es Menschen, Tiere oder Pflanzen, sind bekanntlich ausschließlich **Chromosomen** bzw. die dort lokalisierten **Gene** verantwortlich. Wenn nun neue Arten entstehen sollten oder Individuen mit anderen neuen Fähigkeiten, die die bisherige Art nicht besessen hat, so sind Änderungen der Chromosomen und unter Umständen sogar die Änderungen ihrer Anzahl innerhalb der einzelnen Zellen erforderlich. Wir wissen, daß die Chromosomenzahl für jede Art spezifisch ist. Die Chromosomenzahl pro Zelle beträgt z. B. bei Menschen 46, eine Zahl, die bei allen Menschen gleich ist (mit Ausnahme einiger seltenen angeborenen Leiden, wie etwa das Down-, Klinefelder- oder Ullrich-Turner-Syndrom), während einzelne Tier- oder Pflanzenarten völlig andere Chromosomenzahlen haben, die wiederum für die jeweiligen Arten charakteristisch sind.

Wenn nun aus einer Art durch Evolution andere Arten entstehen sollen, müßten zumindest einige Bausteine einzelner Chromosomen geändert werden. Dazu müßten

**die aus der Umwelt gewonnenen Informationen an die
Chromosomen weitergeleitet werden.**
**Es muß also ein Informationsaustausch stattfinden
zwischen der Umwelt und den Chromosomen.**

Anhand des sogenannten **R-Faktors** möchte ich versuchen,
diese Thematik anschaulicher zu machen :

Es gibt in der Medizin das Problem einer
Resistenzentwicklung bei der Antibiotika-Therapie der
Bakterien, d. h., daß einige Bakterien können eine Resistenz
gegen einige Antibiotika entwickeln. Dies bedeutet z. B., daß
einige Antibiotika, die bei der Markteinführung sehr gut
wirksam waren, nach einigen Jahren gegen bestimmte
Erreger keine Wirkung mehr zeigen. Es gibt mehrere
Möglichkeiten einer Resistenzentwicklung.
**Bei der Resistenzentwicklung im Rahmen des R-Faktors
wird von einer resistenten Bakterie durch Kontakt
Material (Gene) auf die andere Bakterie übertragen, so
daß nunmehr die andere vorher nicht resistente Bakterie
ebenfalls resistent wird.**

Es handelt sich bei diesem Vorgang ebenfalls um eine
Verbesserung der Überlebenschance der neuen Bakterie, da
das betreffende Antibiotikum die neue Bakterie nicht mehr
zerstören kann. Vor diesem Vorgang muß also ein
Informationsaustausch zwischen den betreffenden
Bakterien stattgefunden haben. **Der Vorgang selbst ist
praktisch eine Abhilfemaßnahme zwecks Verbesserung
der Überlebenschance der neuen Bakterie durch
Übertragung von Eigenschaften.**

**Chromosomen bestehen jedoch bekanntlich aus
Nukleinsäure (DNA).** Es handelt sich um größere Moleküle,

die aus jeweils drei Bausteinen (Base, Pentose und Phosphorsäure) bestehen und als **zwei Ketten** wendelförmig In Form einer **Doppelhelix** angeordnet sind.

Bei den **Basen** handelt es sich praktisch um die **Buchstaben des Lebens**, wobei es sich nur um **vier Basen bzw. Buchstaben** handelt: Cytosin, Thymin (Pyrimidin-Derivate mit jeweils einem Ring), Adenin und Guanin (Purin-Derivate mit jeweils zwei Ringen). Sie werden abgekürzt als C, T, A und G. **Das Alphabet des Lebens bzw. das Code-System der Chromosomen arbeitet also nur mit vier Buchstaben,** und trotzdem ist es möglich, durch viele Kombinationen so viele Informationen, d. h. die gesamten erblichen Eigenschaften eines Individuums zu speichern.

Damit Sie sich ungefähr vorstellen können, um wie viele Informationen es sich dabei handelt, ist zu sagen, **daß z. B. in den Chromosomen der Menschen ca. 3 Milliarden Buchstaben vorhanden** sind; dies wäre der Inhalt von **100 Büchern mit jeweils 1000 Seiten, wobei jeweils 3 Buchstaben eine Information bilden.**

Bei den Chromosomen handelt es sich dabei keineswegs um tote oder passive Moleküle, wie bisher angenommen worden ist, sondern ganz im Gegenteil um lebendige und aktive Bausteine, die für die ganze Evolution und Überlebensbestrebungen aller Lebewesen unserer Erde aktiv verantwortlich sind.

Wie Sie sehen, handelt es sich hier um äußerst faszinierende Phänomene, Vorstellungen und Gedanken. Auf diese Thematik an dieser Stelle noch ausführlich einzugehen, würde allerdings den Rahmen dieses Buches sprengen. Aus diesem Grunde möchte ich auf **mein Buch „Die Geheimnisse der Evolution"** verwiesen, das eine

Fundgrube solch faszinierender Phänomene ist und u. a. auch weitere diesbezügliche interessante bahnbrechende Theorien von mir beinhaltet .

Im übrigen spielt das Bestreben nach einem Überleben, d. h. nach einer Verbesserung der Überlebenschancen auch bei der sogenannten toten Materie im gesamten Universum eine fundamentale Rolle (wegen der ausführlichen Darstellung und Einzelheiten siehe meine diesbezüglichen Theorien und wissenschaftlichen Arbeiten).

Es ist uns allen bekannt, daß z. B. die meisten Himmelskörper um die eigene Achse **rotieren** und die Planeten unseres Sonnensystem die Sonne **umkreisen**.
Haben Sie sich schon gefragt, warum?

Beispielsweise die Rotation unserer Erde und die Umkreisung um die Sonne bieten von allen möglichen Bewegungen die besten Überlebenschancen für unsere Erde, da ohne die Rotation unsere Erde schon längst durch die entgegengesetzte Wirkung der Gravitationskraft der Sonne einerseits und der Zentrifugalkraft andererseits zerrissen und vernichtet worden wäre (Näheres siehe Kapitel 4).

Eins wollen wir zum Schluß dieses Kapitels noch festhalten: **Es gehört zum Wesen der Natur, zwar mit einfachen, aber vielfältigen Erscheinungen zu arbeiten.**
Jeder Theorie und jeder Erklärungsversuch der Schöpfung muß auch diese Vielfalt und deren Sinn erklären können.

Kapitel 3

Die Zeit läuft

Wo wir hinschauen, sehen wir, daß alles sich in laufender Änderung befindet. Alles scheint vergänglich zu sein.

Es wird als selbstverständlich betrachtet, daß wir eine Entwicklung durchmachen, die aus Kindern Erwachsene macht, daß wir altern und schließlich eines Tages sterben. Es wird nur selten gefragt, warum? Weshalb sind wir eigentlich sterblich und leben nicht ewig? Was ist der Sinn dieser ganzen Vorgänge?

Was wir im vorigen Kapitel gesehen haben, waren Momentaufnahmen. Wir haben es aber in der Natur nicht nur mit der Gegenwart, sondern auch mit der Vergangenheit und Zukunft zu tun, d. h., der Faktor Zeit sollte ebenfalls berücksichtigt werden.

Fangen wir zuerst mit Menschen an. Aus der Vereinigung einer Eizelle mit einer Samenzelle entsteht eine befruchtete Eizelle, die sofort anfängt, sich zu teilen. Es entsteht ein Embryo, daß durch immer weitere neue Zellteilungen ständig größer wird. Im Laufe der Zelldifferenzierung entstehen die einzelnen Organe, und der Embryo nimmt langsam Gestalt an. Nach ca. zehn Monaten (à vier Wochen) ist es soweit. **Wir kommen als nur wenige Kilogramm wiegende, völlig hilflose Neugeborene zur Welt, wachsen ständig und werden langsam größer, müssen u. a. laufen und sprechen lernen; aus Neugeborenen werden nach einem mehrjährigen Wachstum und mehrjähriger Entwicklung Kinder, Jugendliche und Erwachsene. Wir werden langsam älter und älter und sterben schließlich irgendwann. Diese Vorgänge wiederholen sich bis in alle Ewigkeit.**

Es tauchen hier insbesondere folgende Fragen auf:

- Was ist der Sinn dieser Vorgänge?
- Warum werden wir älter?
- Müssen sich Menschen immer verändern?
- Weshalb müssen Menschen sterben?

Bei den Tieren ist es ähnlich, nur mit vielen Variationen. Bei den Säugetieren verhält es sich genauso wie bei den Menschen. Nur die einzelnen Zeiten sind anders. Bei Vögeln geschieht die Vermehrung durch Legen von **Eiern,** so daß die Embryonen sich so außerhalb des Körpers entwickeln können. Reptilien und Fische legen ebenfalls Eier.
Bei jeder Tierart ist die Dauer der Wachstums- und Alterungsvorgänge verschieden. Sterben müssen aber schließlich alle.
Es ergeben sich wieder dieselben Fragen wie bei Menschen, z. B. nach dem Sinn dieser Vorgänge.

Auch Pflanzen machen eine Entwicklung durch. Aus Samen entstehen durch Wachstums- und Differenzierungsvorgänge Pflanzen, die je nach Art riesengroß und auch erheblich älter werden können als Menschen. Irgendwann müssen aber auch sie sterben.

Wo wir hinschauen, sehen wir, daß sich alles in laufender Änderung befindet. Alles scheint vergänglich zu sein.

Wir haben bei den obigen Beispielen mit nur verhältnismäßig kurz dauernden Vorgängen zu tun gehabt. Das Universum kennt aber auch erheblich längere Entwicklungs- und Alterungsvorgänge, die häufiger zu sein scheinen und im buchstäblichen Sinne des Wortes astronomisch sind, d. h. Milliarden von Jahren dauern.

Ich meine die Sterne und Planeten.

Unser Planet Erde ist z. B. schon ca. 4,6 Milliarden Jahre alt. Bei der Geburt hatte er völlig andere Eigenschaften; er war heiß, hatte noch keine Atmosphäre und wurde von gewaltigen Vulkanen heimgesucht, die dafür sorgten, daß sich langsam eine Atmosphäre gebildet hat.

Er drehte sich damals schneller um die eigene Achse und auch um die Sonne. Er sah damals nicht blau aus, und es war darauf noch kein Wasser vorhanden, geschweige denn Sauerstoff.

Unsere Erde wird ihre Entwicklung weiter fortsetzen, solange die Sonne existiert und dies ermöglicht, d. h. für weitere ca. 4 Milliarden Jahre.

Auch die anderen Planeten unseres Sonnensystem haben eine Entwicklung von ca. 4,6 Milliarden Jahre hinter sich und sind durchaus verschiedene Entwicklungswege gegangen, u. a. je nach ihrer Größe, Lage und Zusammensetzung. Ihre Lebensdauer ist jedoch ebenfalls an jene der Sonne geknüpft.

Unsere Sonne hatte vor ca. 4,6 Milliarden Jahren bei ihrer Geburt noch keine eigene Energiequelle, da die Fusionsvorgänge erst durch die langsame Verdichtung in Gang gesetzt werden mußten, und leuchtete somit anfänglich noch keineswegs so wie heute.

Die Energiequelle der Sonne dürfte noch für circa weitere 4 Milliarden Jahre ausreichen. **Dann wird allerdings der Sonne sozusagen die Puste ausgehen**. Sie wird anfangen, sich in verhältnismäßig kurzer Zeit aufzublähen, und somit erheblich größer werden, und unsere Erde und höchstwahrscheinlich auch die anderen weiter entfernt liegenden Planeten unseres Sonnensystems schlucken, bevor sie stirbt und nur als kleiner **weißer Zwerg** übrigbleibt.

Ich konnte in diesem Kapitel die oben gestellten Fragen leider nur kurz beantworten, obwohl Sie sicherlich schon sehr neugierig geworden sind, da die Voraussetzung für das Verständnis der gesamten Problematik meine DPNS-Theorie darstellt, die erst in Kapitel 11 dieses Buches ausführlich behandelt werden kann.

Nur soviel vorweg: **Wir sind ein Teil des gesamten Systems Universum und somit ein fester Bestandteil seines hierarchischen Systems.**

Wenn ich Ihnen in Kapitel 11 meine Theorie ausführlich erklärt habe, werden Sie feststellen, daß es gar nicht so schwer ist, diese Vorgänge zu begreifen.

Kapitel 4

Die Erde

Unser blauer Planet ist eine Schönheit. Diese Schönheit hat sich jedoch langsam im Laufe von Milliarden Jahren entwickelt.
Anfänglich war unser Planet nicht einmal blau, da auf seiner Oberfläche noch kein Wasser vorhanden war, ja es existierte nicht einmal eine Atmosphäre.
Es ereigneten sich laufend gewaltige Vulkanausbrüche, die Feuer, Lava, Asche und vor allem gewaltige Mengen Wasserdampf und Gase ausspuckten. Unsere Erde war ferner am Anfang insofern ein toter Planet, als noch kein Leben existierte, weil die Voraussetzungen für die Entstehung und Existenz der Lebewesen auf der Erde fehlten.

Wenn wir uns unsere Erde von außen, d. h. vom Weltraum ansehen (s. Abb. 1) und sie mit den anderen Planeten unseres Sonnensystems vergleichen würden, so läßt die **blaue Farbe** des Planeten ahnen, daß wir es nicht nur mit einem Planeten von außergewöhnlicher Schönheit zu tun haben, sondern auch mit einem Planeten, der eine Sonderstellung in unserem Planetensystem einnimmt.

Noch in der ersten Hälfte des 2o. Jahrhunderts hatten wir keine Ahnung, wie unsere Erde wirklich von draußen aussieht.

Abb. 1

Unsere Erde hat aber keineswegs am Anfang , d.h. vor ca. 4,6 Milliarden Jahre bei bzw. kurz nach ihrer Entstehung , so ausgesehen wie heute, da die blaue Farbe noch fehlte ,weil kein Wasser auf der Erde vorhanden war . Sie hatte anfänglich nicht einmal eine Atmosphäre .

Unser Planet hat eine 4,6 Milliarden Jahre alte Geschichte hinter sich. Anfänglich war die Erdoberfläche heiß, es brachen laufend **gewaltige Vulkane** aus, die durch Gasausbrüche langsam dafür sorgten, daß sich eine **Atmosphäre** bildete, die allerdings anfänglich eine völlig andere Zusammensetzung hatte wie heute und noch keinen Sauerstoff enthielt. Die UV-Strahlen der Sonne konnten bis zur Oberfläche der Erde vordringen und hätten jegliches Leben auf der Erde zerstört.
Langsam kühlte sich die Erde ab.
Die gewaltigen Vulkane sorgten dafür, daß sich langsam **Wasser** auf der Oberfläche der Erde sammelte, da die Vulkane gleichzeitig gewaltige Mengen von Wasserdampf nach außen beförderten, der sich abkühlte. Es entstanden im Laufe von Jahrmillionen allmählich **Ozeane**.

Die ersten Lebewesen konnten in den Ozeanen entstehen, da das Wasser die UV-Strahlen der noch atmosphärenlosen Erde ausfiltrierte.

Nicht einmal die Kontinente, wie wir sie kennen, existierten in der heutigen Form, sondern mußten sich langsam entwickeln.

Unsere heutige Erdkruste besteht aus 14 größeren und ca. 38 **Platten** bzw. **Schalen**, ähnlich wie Eierschalen, die sich langsam gegeneinander verschieben, so daß sich Spannungen zwischen den betreffenden Platten aufbauen, die sich von Zeit zu Zeit in Form von **Erdbeben** entladen, indem es zu ruckartigen kurzen, aber gewaltigen Bewegungen zwischen den einzelnen Schalen kommt. Diese Erdbeben führen bekanntlich teilweise zu verheerenden Zerstörungen und können teilweise sogar ganze Städte innerhalb von Sekunden bzw. wenigen Minuten zerstören, wie z. B. das große Erdbeben in San Francisco im Jahre 1906.

Unsere Erde führt einige **Bewegungen** aus:

1. Sie **rotiert** um die eigene Achse, wobei jede Rotation jeweils ca. vierundzwanzig Stunden dauert, so daß Tag und Nacht entstehen können.

2. Sie **umkreist die Sonne** mit einer Umlaufgeschwindigkeit von 29,8 km/s, wobei jede Umkreisung ca. ein Jahr dauert. Dadurch entstehen die Jahreszeiten.

3. Sie führt eine sogenannte **Präzession** durch, die jeweils 25.850 Jahre dauert.

Auch diese Bewegungen haben sich im Laufe der Jahrmilliarden seit der Entstehung der Erde geändert:

Wir wissen, daß die Erde früher schneller um die eigene Achse rotiert hat, so daß die Tage und Nächte kürzer gewesen sein müssen.

Wir wissen ferner, daß die mittlere Entfernung der Erde zur Sonne früher kleiner war und langsam größer geworden ist, so daß die Erde heißer und die Jahre kürzer gewesen sein müssten.

Wie bereits erwähnt, stehen wir keineswegs auf einem stabilen und ruhenden Boden. Unsere Erde steht nicht still, sondern dreht sich mit einer enormen Rotationsgeschwindigkeit von 465 m/s (gemessen am Äquator) um die eigene Achse und umkreist außerdem unsere Sonne mit einer Riesengeschwindigkeit von 29,8 km/s. Auch unsere Sonne steht nicht still, sondern dreht sich zusammen mit unserer Erde und ihren übrigen Planeten um das Zentrum unserer Galaxie, und zwar mit einer völlig unvorstellbaren Geschwindigkeit von 150–250 km/s. Zum Vergleich: Wenn wir uns mit dem Auto auf der Autobahn mit einer Geschwindigkeit von ca. 160 km/h (wohlgemerkt pro Stunde und nicht pro Sekunde!) bewegen, so kommt uns die Geschwindigkeit sehr hoch vor; unsere modernen Passagierflugzeuge fliegen mit einer Geschwindigkeit von etwas über 1.000 km/h, die Schallgeschwindigkeit beträgt 331 m/s. Unsere Galaxie bewegt sich ihrerseits zusammen mit unserer Erde und mit unserem gesamten Sonnensystem im Rahmen der Expansion des Universums ebenfalls mit einer enormen und völlig unvorstellbaren Geschwindigkeit. **Alle diese Bewegungen spüren wir nicht.**

Unsere Erde wird ferner begleitet von einem wunderschönem Mond, der innerhalb von 27,32 Tagen die Erde einmal umkreist.
Auch unser Mond hat früher um die eigene Achse rotiert. **Diese Rotation ist irgendwann praktisch zum Stillstand gekommen**, so daß der Mond, von der Erde aus betrachtet, immer nur von einer Seite zu sehen ist (genau genommen zeigt er eine sogenannte **gebundene Rotation,** dies bedeutet , daß sie in genau 27,3 Tagen einmal um die eigene Achse rotiert , d.h. in exakt derselben Zeit , die sie braucht um einmal die Erde zu umkreisen).

Wenn Sie mich fragen, ob unser Mond uns immer erhalten bleiben wird, so lautet meine Antwort: nein. Warum? Aus folgendem Grunde:
Wir wissen, daß der Mond einerseits von der **Gravitation** der Erde angezogen wird, andererseits unter der Einwirkung der

durch die Umkreisung der Erde entstehenden **Zentrifugalkraft** steht. Dieses **Kräftepaar** sorgt dafür, daß der Mond auf einer ziemlich stabilen Bahn die Erde umkreisen kann. Aber dadurch, daß er praktisch nicht mehr um die eigene Achse rotiert (s. oben), wird sie von diesem Kräftepaar kontinuierlich und ständig *von denselben Stellen* in 2 entgegengesetzte Richtungen gezogen (wenn sie rotieren würde, würde dies nicht der Fall sein, da dieses Kräftepaar dann an verschiedenen Stellen wirken würde).

Dies wird im Laufe der Zeit dazu führen, daß unser Mond mindestens in zwei Teile auseinanderbrechen wird, wahrscheinlich jedoch in viele Teile. Letztere Möglichkeit würde dazu führen, daß wir um unsere Erde auch einen Ring bzw. ein Ringsystem bekommen würden, wie z. B. das beim Planeten Saturn der Fall ist. Was für ein schöner Ausblick!!!!
Im übrigen sind höchstwahrscheinlich auch die Saturn-Ringe auf diese Art entstanden. Diese Phänomene werden ausführlicher in Kapitel 5 dargestellt.

Wenn wir uns mit den geschilderten Phänomenen auseinandersetzen und kritisch und analytisch darüber nachdenken, wird uns folgendes auffallen:

1. **Es handelt sich um ständige Bewegungen:**
a. Die Erde **rotiert** um die eigene Achse,
b. außerdem zeigt sie eine weitere Bewegung, nämlich die **Präzession**,
c. ferner **umkreist** die Erde die Sonne.

2. **Alles wiederholt sich immer wieder (Tage, Nächte, Sommer, Winter usw.)**

3. **Die Bahn der Erde um die Sonne ist im Laufe der Jahrmilliarden immer größer geworden.**
4. **Die Rotationen der Erde um die eigene Achse sind im Laufe der Zeit immer langsamer geworden.**
5. **Der Mond umkreist die Erde.**
6. **Die anfänglich vorhandenen Rotationen des Mondes um die eigene Achse sind im Laufe der Zeit praktisch zum Stillstand gekommen (mit Ausnahme der sogenannten gebundenen Rotation).**
7. **Auf der Erde ist Leben entstanden.**
8. **Die Erde scheint der einzige bewohnte Planet innerhalb unseres Sonnensystems zu sein.**
9. **Die Energie dieser Erscheinungen scheint unausschöpfbar zu sein.**

Wenn wir intensiv und kritisch über diese Phänomene nachdenken, werden wir uns ferner **folgende Fragen** stellen:

1. **Weshalb bewegt sich alles?**
2. **Weshalb sind diese Bewegungen geordnet und bestehen hauptsächlich aus drei verschiedenen Bewegungen?**
3. **Weshalb blieben diese Bewegungen über so viele Jahrmilliarden praktisch unverändert?**
4. **Was ist der Sinn dieser ständigen Wiederholungen?**
5. **Weshalb ist die Bahn der Erde um die Sonne im Laufe der Zeit größer geworden?**
6. **Weshalb ist die Rotation der Erde im Laufe der Jahrmilliarden langsamer geworden?**
7. **Weshalb rotiert der Mond, der früher rotiert hat, praktisch nicht mehr?**
8. **Weshalb ist die Erde der einzige bewohnte Planet innerhalb unseres Sonnensystems?**
9. **Wie ist das Leben auf der Erde entstanden?**

10. **Wird das alles immer so weitergehen, oder geht alles eines Tages zu Ende und warum?**
11. **Wieso scheint die erforderliche Energie unausschöpfbar zu sein?**
12. **Wer bzw. welcher Schöpfer hat dies alles geschaffen und in Bewegung gesetzt?**

Teilweise sind die Antworten auf diese Fragen schon bekannt. Teilweise sind sie noch unbekannt und werden durch meine diversen Theorien beantwortet.

Zu Nr. 1 und 2: **Bewegung (als Umkreisung und Rotation) ist das Überlebensrezept des Universums.** Deswegen muß sich auch die Erde bewegen, um zu überleben. Anders ausgedrückt, wenn sie sich bisher nicht immer bewegt hätte, wäre sie schon längst nicht mehr existent und zerstört worden. Warum?
Diese Frage wird in Kapitel 5 ausführlich behandelt, so daß dorthin verwiesen wird, um Wiederholungen zu vermeiden. Deswegen soll im Rahmen dieses Kapitels nur kurz darauf eingegangen werden:

a. **Rotation**: Unser Erde sowie die anderen Himmelskörper stehen ständig unter der Einwirkung von zwei entgegengesetzten Kräften: 1. Gravitationskraft, die sie anzieht, und 2. Zentrifugalkraft, die ihr entgegenwirkt und versucht sie praktisch nach außen zu ziehen und sozusagen aus der Bahn zu werfen (s. Abb. 2).

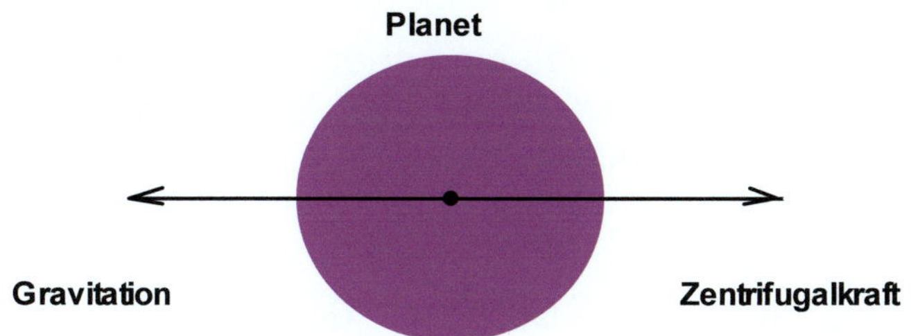

Abb. 2

Wenn sie sich nicht ständig drehen (rotieren) würde, so würde sie durch die ständige Einwirkung dieser zwei entgegengesetzten, gleichstarken Kräfte im Laufe der Zeit (gemeint sind hier natürlich längere Zeiträume von Jahrtausenden, Jahrmillionen und Jahrmilliarden) auseinandergerissen werden (wie bereits erwähnt, wird dies meiner Meinung nach z. B. das Schicksal unseres Mondes sein, deren früher bestandene Rotationen aufgehört haben).

Denn wenn zwei entgegengesetzt wirkende Kräfte auf ein stehendes Objekt wirken würden, so würden sie ständig auf denselben Punkten des Objektes wirken und es in relativ kurzer Zeit auseinanderreißen und zerstören, während bei einem sich bewegenden Objekt (z. B. bei einem rotierenden Objekt) diese Kräfte jeweils nur kurze Zeit auf denselben Punkten wirken und das Material nicht zerstören könnten.

Die Rotation der Erde und der anderen Himmelskörper ist also praktisch ihr Überlebensrezept in der Natur. Deswegen stellen auch stehende Himmelskörper im Universum Raritäten dar, da sie schon längst zerstört worden wären, wenn sie existiert hätten. Es handelt sich somit um eine Art **Selektion**, ähnlich wie bei der Evolution.

b. **Umkreisungen**: Die Ursache der Umkreisungen auf festen Bahnen ist seit Newton gut bekannt und beruht bekanntlich auf das Entgegenwirken von 1 Kräftepaar, der **Gravitation** einerseits und **Zentrifugalkraft** andererseits, so daß hier nicht ausführlicher darauf eingegangen zu werden braucht.

Im übrigen sind auch die Umkreisungen zum Überleben der Himmelskörper zwingend erforderlich, da sie sich sonst sozusagen blind durch den Raum bewegen würden, bis sie im Bereich des Gravitationsfeldes eines Sterns bzw. eines sonstigen größeren Himmelsobjekts geraten und mit diesen zusammenstoßen (wie wir dies beim Zerschellen der Fragmente des Schumacher-Kometen gesehen haben).

Ferner kommt die Zentrifugalkraft erst durch die Umkreisung zustande und führt zur Kompensation des Gravitationsfeldes, die Voraussetzung ist für das Zustande kommen einer stabilen Umkreisung .

c. **Die Präzession** ist meines Erachtens darauf zurückzuführen, daß es erstens äußerst selten Idealzustände bzw. reine schematisierte Bewegungen in der Natur gibt, wie z. B. reine Rotationen, vielmehr **weicht alles leicht von der Idealform ab**, im Rahmen der möglichen Zufälle; und daß zweitens bei der Entstehung der Erde nicht die ganze bestehende Energie in Rotation und Umkreisung umgewandelt werden konnte, sondern daß eine **Restenergie** übrigblieb, die Präzession erzeugte. Dies unterstreicht nochmals die Zufälligkeit des Ganzen.

Wir können uns dies z. B. so klarmachen: Wenn wir versuchen, einen Kreisel in Drehbewegung zu versetzen, wird es selten gelingen, eine ideale reine Kreisbewegung zu erzeugen; der Kreisel wird sich zwar um die eigene Achse drehen, aber gleichzeitig wird auch die Achse des Kreisels (langsamere) exzentrische Drehbewegungen ausführen, d. h. etwas eiern (s. Abb. 3).

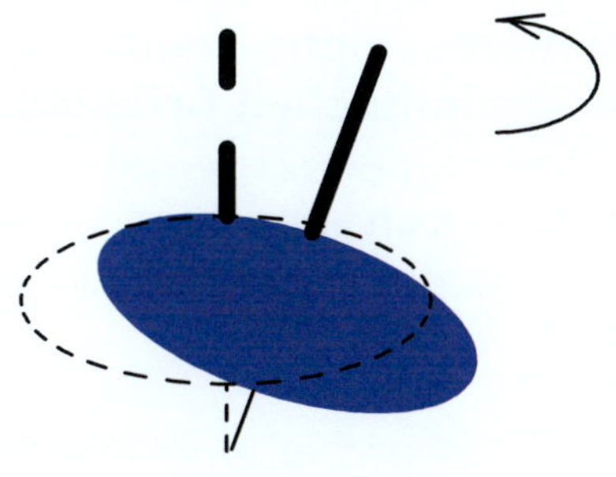

Abb.3

Überhaupt scheinen reine, ideale Bewegungen jeglicher Art (Rotationen, Umkreisungen usw.) eine Ausnahme darzustellen und kombinierte Bewegungen die Regel zu sein. Deswegen ist durchaus denkbar und sogar sehr wahrscheinlich, daß auch die übrigen Himmelskörper keine absolut reinen Bewegungen durchführen, sondern

daß ihre Bewegungen begleitet werden von anderen Bewegungen, ähnlich wie beim Beispiel Kreisel.

Zu Nr. 2 und 3: Weil es sich dabei um **stabile** und **durch ein Kräftepaar ausgeglichene Bewegungen** handelt, die über längere Zeiträume aufrechterhalten werden können. Bei einer geradlinigen Bewegung wäre die Erde beispielsweise schon längst mit anderen Himmelsobjekten zusammengestoßen und zerstört worden, wie wir am Beispiel der Kollision des Schumacher-Kometen mit dem Jupiter gesehen haben.
Es handelt sich somit auch hier um eine **Selektion** der Bewegungen, derart, daß nur Bewegungen, die zum Überleben führen, Erfolg haben und übrigbleiben, während die anderen Bewegungen, die tödlich sind, von selbst zerstört werden **(Näheres siehe meine diesbezüglichen Theorien und wissenschaftlichen Arbeiten).**

Zu Nr. 4: Es handelt sich um einen Teil des ganzen Geschehens im Universum und wird deswegen in Kapitel 11 beantwortet werden.

Zu Nr. 5, 6 und 7: Die Beantwortung dieser Fragen würde den Rahmen dieses Buches sprengen. Sie werden deswegen **in meinen anderen Büchern behandelt, die sich mit meinen anderen Theorien beschäftigen.**
Nur soviel hier im Rahmen dieses Kapitels:
Gemäß dem 1. Newtonschen Axiom hätten die Rotationen der Erde nicht langsamer werden, die Rotationen des Mondes nicht aufhören und auch die Umlaufbahn der Erde um die Sonne nicht kleiner werden können. Bei dem 1. Newtonschen Axiom handelt es sich jedoch um einen Idealfall, bei dem wirklich auch nicht eine winzige äußere Kraft auf das System einwirkt. Schon ein kleiner Reibungswiderstand würde dazu führen, daß dieses Gesetz

nicht mehr anwendbar wäre. Wir wissen seit kurzem, daß auch der interstellare Raum nicht völlig leer ist, wie früher angenommen wurde, sondern daß dort kleine Mengen Elementarteilchen sowie Atome und Moleküle vorhanden sind. Wir wissen z. B. auch, daß auf der Erdbahn um die Sonne viele kleinere Teilchen (Staub) vorhanden sind. Dies alles hätte zur Folge, daß eine geringe Reibungskraft vorhanden ist, die durchaus groß sein kann, wenn man den Zeitfaktor von Milliarden Jahren berücksichtigt. Deswegen ist durchaus vorstellbar, daß dies im Laufe der Jahrmilliarden zu einer Verlangsamung der Erdrotation, dem Sistieren der Mondrotation und dem Kleinerwerden der Erdbahn geführt hat.

Zu Nr. 8: Weil die Erde der einzige Planet in unserem Sonnensystem zu sein scheint, der Bedingungen erfüllt, die für die Entstehung des Lebens zwingend notwendig sind, z. B. **gemäßigte Temperaturen, Wasser** usw.

Zu Nr. 9: Diese Fragen sind Gegenstand des Kapitels 12 dieses Buches. Deswegen wird dorthin verwiesen.
Noch erheblich ausführlicher wird diese Thematik jedoch **in meinem Buch „Geheimnisse der Evolution"** behandelt, die eine echte Fundgrube solcher Faszinationen ist.

Zu Nr. 10, 11 und 12: Diese Fragen werden ausführlich in Kapitel 11 behandelt und beantwortet.

Kapitel 5

Das Sonnensystem

Alles befindet sich in ständiger Bewegung, weil wie im gesamten Universum Bewegung das Geheimrezept zum Überleben ist und ein Stillstand tödlich wäre. Warum?

Unser Sonnensystem besteht aus unserer Sonne und den 8 Planeten (von innen nach außen) Merkur, Mars, Erde, Venus, Jupiter, Saturn, Uranus, Neptun (Pluto soll nach einer neuen Definition vom 2006 nicht mehr als Planet bezeichnet werden) die die Sonne umkreisen.

Unsere Sonne (s. Abb. 1) ist ein gewöhnlicher Stern, d. h. eine heiße Gaskugel mit einer Riesenmasse, die jedoch im Vergleich mit anderen Sternen durchschnittlich ist; sie hat einen Radius von ca. 700.000 Kilometern, in ihrem Zentrum eine Temperatur von ca. 16 Millionen K und an der Photosphäre eine Temperatur von ca. 5.777 K. Sie besteht hauptsächlich aus Wasserstoffatomen und gewinnt ihre Energie aus der Kernfusion, wobei aus der Verschmelzung von jeweils vier Wasserstoffatomen ein Heliumatom entsteht. Dieses Heliumatom ist jeweils um etwa 1 % leichter als die vier Wasserstoffatome, und diese Massendifferenz wird in

Energie umgewandelt, freigesetzt und auf die umgebenden Planeten abgestrahlt. Dieser Energie verdanken wir unser Leben.

Unsere Sonne existiert schon seit ca. 4,6 Milliarden Jahren und wird aufgrund von Modellrechnungen ungefähr weitere 4 bis 5 Milliarden von Jahren bestehen bleiben.

Abb. 1

Aufbau der Sonne von innen nach außen:

1. Sonneninneres, bestehend aus dem Kern, der Strahlungs- und der Konvektionszone. Der Kern steht unter einem enorm hohen Druck bei sehr hoher Temperatur von 16 Millionen K .
2. Photosphäre: die sichtbare Oberfläche der Sonne.
3. Chromosphäre: nur sichtbar bei Sonnenfinsternis als eine rötlich leuchtende dünne Schicht .
4. Korona: strahlenförmige leuchtende Strahlen, ebenfalls sichtbar beim Sonnenfinsternis.

Unsere Sonne hat eine ganze Reihe von phantastischen Erscheinungen:

Sonnenflecken: Das sind dunkle Flecken auf der Oberfläche der Sonne (s. obige Abbildung der Sonne), die schon von Galileo Galilei beobachtet und beschrieben worden sind. Sie sind jedoch nicht konstant, sondern erscheinen und verschwinden wieder, treten immer an neuen Stellen der Oberfläche auf und ändern ihre Intensität im Rahmen einer elfjährigen Periodik.
Die sogenannte Sonnenaktivität wird von weiteren Erscheinungen begleitet, wie z. B. Änderungen von Magnetfeld und Teilchenabstrahlungen der Sonne, die bekanntlich zu Störungen des Radioempfangs auf der Erde führen.
Wie wir heute wissen, erscheinen die Sonnenflecken deshalb schwarz, da sie ca. 2.500 Grad kühler sind als ihre Umgebung. Ihre Grenzen gegen die Umgebung sind ferner nicht scharf, sondern sind von einer grauen Zone umgeben.

Die Sonnenflecken bezeichnet man auch als Umbra und ihre halbschattigen Randzonen als Penumbra.

Sonnengranula: Die Sonneoberfläche ist nicht gleichmäßig hell, sondern granuliert.

Protuberanzen sind riesige Eruptionen der Oberfläche der Sonne (s. Abb.), die Plasmawolken mit Geschwindigkeiten von 1.000 bis 2.000 km/s (!!) in den interplanetaren Raum schleudern, die aus Protonen und Elektronen bestehen.

Wenn wir uns genauer mit dem Sonnensystem befassen, kritisch und analytisch darüber nachdenken und uns damit auseinandersetzen, so wird uns u. a. folgendes auffallen:

1. **Alles ist in ständiger Bewegung**.
2. Es handelt sich dabei hauptsächlich entweder um **Umkreisungen** (um die Sonne)
3. oder um **Rotationen** um die eigene Achse.
4. Die Monde umkreisen wiederum ihre jeweiligen Planeten, als ob es sich bei diesen Planeten um die eigene Sonne der Monde handeln würde.
5. Die Umkreisungsbahnen aller Planeten um die Sonne liegen fast innerhalb **einer** **Ebene**, mit Ausnahme der Umkreisungsbahn von Pluto.
6. Sowohl bei der Sonne als auch bei den Planeten handelt es sich keineswegs um tote Körper, sondern sie sind alle durchaus **lebendig** (Vulkane usw.).
7. Sowohl die Bahnen als auch die jeweiligen Abstände scheinen zumindest über viele Jahre **konstant** zu sein.
8. **Alles wiederholt sich immer wieder.**
9. Bei oberflächlicher Betrachtung ist ein Sinn nicht ersichtlich: Es wird z. B. immer wieder Tag und Nacht, immer wieder Frühling und Winter usw.

10. Die Energie, die dies alles bewirkt, **scheint unausschöpfbar.**

Ein intensives und kritisches Nachdenken über diese Erscheinungen läßt folgende Fragen aufkommen:

1. Weshalb bewegt sich alles?
2. Weshalb bestehen die Bewegungen hauptsächlich aus Umkreisungen und Rotationen?
3. Wer bzw. welche Kräfte halten diese Himmelskörper auf ihren Bahnen fest?
4. Weshalb liegen alle Planetenbahnen innerhalb einer Ebene und warum umkreisen alle Planeten die Sonne in der gleichen Richtung?
5. Weshalb lebt alles über so viele Jahre?
6. Weshalb sind die Bahnen weitgehend konstant?
7. Weshalb wiederholt sich alles stereotyp immer wieder?
8. Weshalb scheint die Energie unausschöpfbar?
9. Was ist der Sinn dieser Erscheinungen und der ständigen Wiederholungen?
10. Und als wichtigste Frage: Wer bzw. welcher Schöpfer hat dies alles geschaffen und in Bewegung gesetzt und weshalb?

Ich werde versuchen, diese Fragen teilweise im Rahmen dieses Buches zu beantworten. Teilweise würden sie jedoch den Rahmen dieses Buches sprengen und sind deswegen Themen **weiterer Bücher von mir.**

Zu Nr. 1, 2 und 3: **Die Himmelskörper müssen sich bewegen, um zu überleben, weil die Bewegung (in Form von Umkreisung und Rotation) auch im Bereich des Sonnensystems das Geheimrezept zum Überleben ist.**

Anders ausgedrückt, wenn sie sich nicht wie bisher immer bewegt hätten, wären sie schon längst nicht mehr existent und zerstört worden. Warum?
Auf diese Problematik, die im vorigen Kapitel schon angeschnitten worden ist, möchte ich nunmehr ausführlicher eingehen, da sie von **fundamentaler Bedeutung** ist.

a. **Rotation**: Die Himmelskörper stehen ständig unter der Einwirkung von zwei entgegengesetzten Kräften: 1. Gravitationskraft, die sie anzieht, und 2. Zentrifugalkraft, die ihr entgegenwirkt und versucht sie praktisch nach außen zu ziehen und sozusagen aus der Bahn zu werfen (s. Abb. 2).

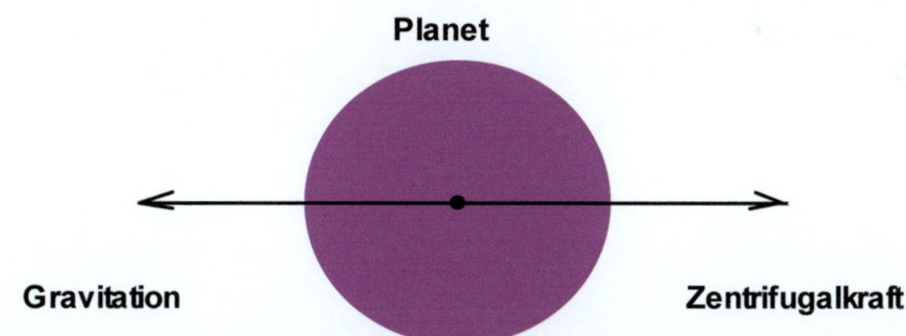

Abb. 2

Wenn sie sich nicht ständig drehen (rotieren) würden, so würde sie durch die ständige Einwirkung dieser zwei entgegengesetzten, gleichstarken Kräfte im Laufe der Zeit (gemeint sind natürlich längere Zeiträume von Jahrtausenden, Jahrmillionen und Jahrmilliarden) auseinandergerissen werden (wie bereits erwähnt, wird dies z.B. das Schicksal unseres Mondes sein, deren früher bestandene Rotation praktisch schon aufgehört hat).

Dieses Phänomen muß ich genauer erklären, weil es im Universum eine *entscheidende Rolle* spielt. Wenn eine Kraft auf ein Objekt wirken würde, das sich nicht dreht, würde diese Kraft ständig auf *denselben* Punkten einwirken, im Laufe der Zeit dort z. B. Risse verursachen und das Objekt zerstören, während, wenn es sich drehen würde, die einzelnen Punkte des Objekts jeweils nur kurz und bei den schnellen Bewegungen, wie sie im Universum die Regel sind, jeweils nur Bruchteile von Sekunden unter der Einwirkung der betreffenden Kraft stehen und somit keinen Schaden erleiden (s. Abb. 3):

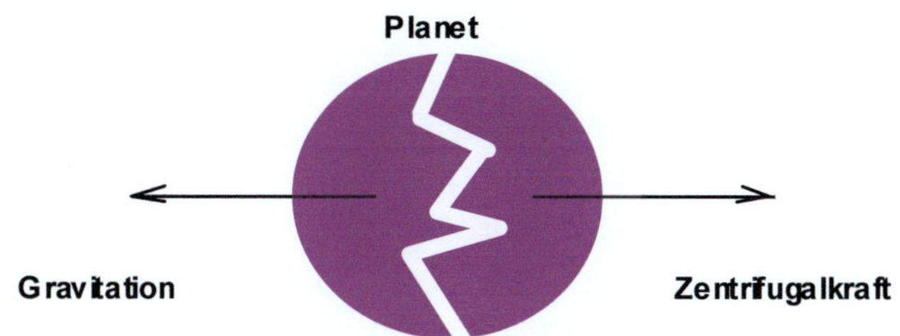

Abb. 3

Dies können wir uns anhand einiger sehr einfachen Beispiele sehr gut klarmachen und veranschaulichen:

1. Beispiel: Beim Grillen eines Hähnchens würde das Hähnchen in kurzer Zeit verbrannt, verkohlt und zerstört werden, wenn das Hähnchen sich nicht drehen würde, da die Wärmestrahlen nur auf *ein* Gebiet einwirken würden.

2. Beispiel: Beim Sonnenbad würden wir uns erheblich leichter einen Sonnenbrand holen, wenn wir immer denselben Körperteil der Sonne aussetzen und uns nicht drehen bzw. bewegen würden.

(Das Beispiel Wärmestrahlen wurde nur deswegen gewählt, um die Sache anhand sehr einfacher Beispiele anschaulich machen zu können, obwohl es sich selbstverständlich dabei um Energiestrahlen und nicht um einfache Kräfte handelt).

Beim Einwirken eines Kräftepaares, wie im Universum die Regel, verhält sich die Sache genauso: Wenn diese Kräfte auf ein stehendes Objekt wirken würden, so würden sie ständig auf denselben Punkten des Objekts wirken und es in relativ kurzer Zeit auseinanderreißen und zerstören, während bei einem sich bewegenden Objekt (z. B. wenn es sich in einer Rotation oder Umkreisung befindet) diese Kräfte jeweils nur kurze Zeit auf denselben Punkten wirken würden und das Material nicht zerstören könnten.

Die Rotation der Himmelskörper ist also sozusagen ihr Überlebensrezept in der Natur. Deswegen sind auch stehende Himmelskörper im Universum Raritäten, da sie schon längst zerstört worden wären, wenn sie existiert hätten. Es handelt sich somit um eine Art **Selektion,** ähnlich wie bei der Evolution.

(Ich muß darauf hinweisen, daß diese Sachen hier bewußt etwas vereinfacht und schematisiert dargestellt wurden, damit sie besser verstanden werden können. Die tatsächlichen Verhältnisse sind aber etwas komplizierter).

b. **Umkreisungen**: Die Ursache der Umkreisungen auf festen Bahnen ist seit Newton gut bekannt und beruht bekanntlich auf das Entgegenwirken von 1 Kräftepaar der Gravitation einerseits und Zentrifugalkraft andererseits, so daß hier nicht ausführlicher darauf eingegangen zu werden braucht. Im übrigen sind **auch die Umkreisungen zum Überleben der Himmelskörper zwingend erforderlich,** da sie sich sonst sozusagen blind durch den Raum bewegen würden, bis sie im Bereich des

Gravitationsfeldes eines Sterns bzw. eines größeren Himmelsobjekts hineingeraten und mit diesen zusammenstoßen würden (z. B. wie wir dies beim Zerschellen der Fragmente des Schumacher-Kometen gesehen haben).

Das Problem ist im Prinzip genauso wie oben geschildert.

Zu Nr. 2: Es handelt sich ebenfalls um eine **Selektion,** ähnlich wie bei der Evolution. **Rotationen und Umkreisungen gehören aus den erwähnten Gründen zu den stabilsten Bewegungen (die ständige Einwirkung von Kräftepaaren wirkt stabilisierend und konservierend).** Andere zufällige Bewegungen, wie z. B. jene auf geraden Linien zufällig im Raum oder undefinierbare bzw. unbestimmte Bewegungen, führen im Laufe der Zeit zur Zerstörung, etwa durch Kollision mit anderen Himmelsobjekten.

Zu Nr. 4: Weil sie alle **gleichzeitig** entstanden sind.

Zu 5, 6 und 7: Das jeweilige Einwirken eines Kräftepaares wirkt auch hier **stabilisierend.** Deswegen können sich die Planeten über so viele Jahre hinweg praktisch auf denselben ziemlich stabilen Bahnen bewegen und verhalten sich sozusagen stereotyp.

Zu Nr. 8: Diese Frage wird in Kapitel 11 beantwortet.

Zu Nr. 9 und 10: Ebenfalls in Kapitel 11 wird auf die Frage Nr. 10 ausführlich eingegangen. Wir werden dort sehen, daß jede Frage nach einem Schöpfer insofern sofort ad absurdum führt, weil dann gleich die Frage auftaucht, wer hat denn den Schöpfer geschaffen?

Kapitel 6

Galaxien

Faszinierende spiralförmige Gebilde, Millionen und Milliarden Lichtjahre von uns entfernt, die mit unvorstellbaren Geschwindigkeiten um ihre Achse rotieren und bei Betrachtung mit dem bloßen Auge am Himmel jeweils nur als Einzelsterne sichtbar sind. Erst bei Betrachtung durch das Teleskop wird klar, daß es sich um Riesenanhäufungen von zahlreichen Sternen handelt.

Weshalb bilden jeweils Milliarden von Sternen Galaxien?

Weshalb fliegen die Sterne bei der Rotation der Galaxie nicht auseinander und kollidieren nicht?

Viele Sterne, die wir am Himmel sehen, sind tatsächlich keine Einzelsterne, sondern Galaxien. Dies wird klar, wenn wir den Himmel mit einem Teleskop betrachten, wobei je stärker das Teleskop ist, um so mehr erweisen sich die als Einzelstern sichtbaren Punkte am Himmel als Galaxien. So werden mit fortschreitender Technik und Entwicklung von ständig besser auflösenden und größeren Teleskopen immer mehr Galaxien am Himmel gefunden werden.

Galaxien sind somit Anhäufungen von Milliarden Sternen. Solche Anhäufungen scheinen überhaupt die Regel zu sein, da Sterne selten einzeln auftreten.

Beim Zusammenschluß von zahlreichen Sternen zu Galaxien handelt es sich praktisch um eine **Gruppenbildung**, ähnlich wie bei den Tieren, und dient demselben Zweck, nämlich **Schutz** und **Verbesserung der Überlebenschancen.**
Zum Beispiel könnte ein isolierter Einzelstern von einem anderen großen Himmelskörper durch seine Gravitation angezogen und durch Kollision mit diesem zerstört werden.
In einer großen Galaxie ist ferner die Chance, daß überhaupt ein neuer Stern entsteht, erheblich größer, da dort ausreichend Ausgangsmaterial für die Entstehung neuer Sterne vorhanden ist.

Es handelt sich bei den Galaxien um scheiben-, meistens **spiralförmige** Gebilde mit einem Kern und mehreren **Spiralarmen** (s. Abb.1).

Abb. 1

Je nachdem, ob sie vom Rand oder mehr oder weniger von der Scheibenfläche her betrachtet werden, erscheinen sie im Teleskop **strichförmig**, **oval** oder **kreisrund** (s. Abb. 2, unter Vernachlässigung der Spiralstruktur).

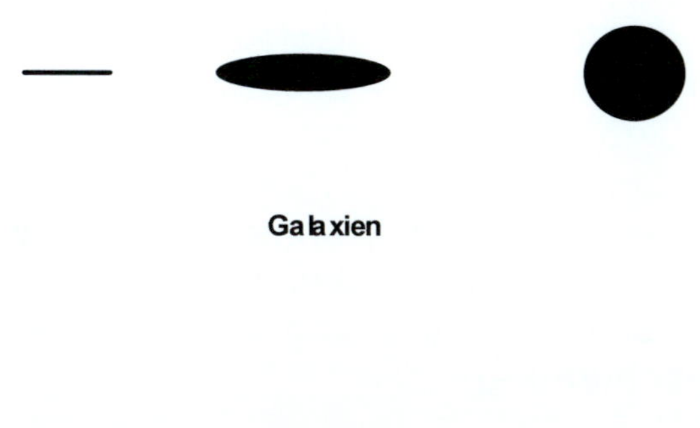

Galaxien

Abb. 2

Galaxien **rotieren** mit unvorstellbaren Geschwindigkeiten in der Größenordnung von 150–250 km/s um ihre Achsen, wobei die Gravitationskräfte dafür sorgen, daß die Galaxie zusammengehalten wird und nicht durch die Zentrifugalkräfte auseinanderfliegt.

Weshalb treten Sterne selten alleine auf, sondern schließen sich zu Galaxien zusammen? Diese interessante Frage, worauf sie in Astronomiebüchern in der Regel keine Antwort finden, werde ich Ihnen noch im Laufe dieses Kapitels beantworten.

Mehrere Galaxien können sich ferner zu **Galaxie-Haufen** zusammenschließen.

Eine derartige Galaxie enthält eine unvorstellbar große **Energiemenge** und sendet nicht nur Lichtstrahlen aus, die uns bekanntlich ermöglichen, sie mit dem Auge bzw. im Lichtteleskop zu sehen, sondern auch elektromagnetische Wellen anderer Wellenlängen, z. B. als Röntgenstrahlen und Radiowellen.

Galaxien, die starke Radiowellen aussenden, sind bekannt als **Radiogalaxien.**

Es gibt auch **explodierende Galaxien,** die durch die Explosion noch eine gewaltige zusätzliche Energiemenge freisetzen.

Alle Galaxien bewegen sich im Rahmen der Expansion des Universums mit riesengroßer Geschwindigkeit, entfernen sich dadurch meistens von uns und zeigen deswegen fast alle eine **Rotverschiebung**.

Wir wissen durch spektroskopische Untersuchungen, daß alle chemischen Elemente, die auf der Erde vorkommen, auch dort vorhanden sind.

Eine Galaxie ist eine wahre **Geburtsstätte** von neuen Sternen. Gewaltige Gasmengen verdichten sich laufend hier und da durch die Gravitationskräfte zu gewaltigen Massen; durch den ungeheuren Druck entstehen enorm hohe Temperaturen im Kernbereich dieser Konzentrationen, so daß thermonukleare Prozesse in Gang gesetzt werden und dafür sorgen, daß neue Sterne geboren werden und zu leuchten beginnen. Solche Galaxien sind auch gleichzeitig die **Sterbeorte und Friedhöfe** der Sterne, die Milliarden Jahre nach der Geburt ihr Leben mit oder ohne eine Supernova-Explosion beenden und als Rest **weiße Zwerge** oder **Neutronensterne** bzw. **Pulsare** hinterlassen.

Bei kritischer Betrachtung des Ganzen fällt folgendes auf:

1. Alles bewegt sich, wobei es sich um zweierlei Bewegungen handelt:

    a. Rotationen um das Zentrum der Galaxien
    b. Sogenannte Fluchtbewegung im Rahmen der Expansion des Universums.

2. Es überwiegen Spiralstrukturen.

3. Trotzdem scheinen Kollisionen äußerst selten zu sein.

4. Bei der Beobachtung von der Erde zeigen sie fast ausschließlich Rotverschiebungen.

5. Es entstehen immer wieder neue Sterne.

6. Die zur Verfügung stehende Energie scheint unausschöpfbar.

Wenn wir über diese Erscheinungen gründlich nachdenken, ergeben sich u. a. folgende Fragen:

1. Weshalb bewegt sich alles, und weshalb fliegt nicht alles auseinander?

2. Wer hat sie in Bewegung gesetzt?

3. Weshalb überwiegen Spiralstrukturen?

4. Weshalb sind Kollisionen zwischen den Milliarden von Sternen innerhalb der Galaxien so selten?

5. Was ist die Ursache der Rotverschiebungen?

6. Wieso scheint die Energie unausschöpfbar?

7. Wird die Expansion immer weitergehen, oder kommt sie irgendwann zum Stillstand bzw. zur Umkehr?

8. Wo ist die Grenze des Universums?

9. Wer hat das alles geschaffen?

10. Weshalb sind die Galaxien nicht gleichmäßig, sondern ungleichmäßig im Universum verteilt? Es handelt sich hierbei um eine sehr häufig gestellte Frage, die fast in jedem Astronomiebuch vorkommt und als großes Rätsel der Astronomie dargestellt wird, wobei keine Antwort darauf gefunden wird. Diese Frage werde ich unten ebenfalls beantworten.

Zu Nr. 1: Nur durch die **Rotation** um das Zentrum wird eine Galaxie stabil und kann überleben, sonst würde alles durch die massive Gravitationskraft der Galaxie zusammengezogen werden und kollabieren. Denn durch die Rotation entsteht bekanntlich die **Zentrifugalkraft**, die der Gravitationskraft entgegenwirkt und sie kompensiert. Es handelt sich somit wieder um ein **Kräftepaar, das das Überleben der Galaxien garantiert** (wegen der ausführlichen Gründe siehe Kapitel 5 dieses Buches).
Es handelt sich somit auch hierbei um eine **Selektion**, insofern, daß nur Galaxien überleben können, die rotieren.

Zu Nr. 1 und 2: Entweder kann etwas stehen oder sich bewegen, wobei physikalisch gesehen beide Zustände gleichwertig sind (denken wir an das Beispiel von einem stehenden und einem fahrenden Zug auf nebeneinanderliegenden Gleisen. Ein Beobachter in einem dieser Züge kann nicht mit Sicherheit feststellen, welcher Zug steht und welcher sich bewegt). Wir haben oben gesehen, daß eine **Selektion** stattfindet, so daß stehende Galaxien keine Überlebenschance haben. Deswegen sind Galaxien zerstört worden, die keine Rotation besaßen.

Zu Nr. 1 und 3: **Wegen einer ausführlichen Darstellung dieser Themen wird auf mein Buch „Große Geheimnisse des Universums, Bd. I" ferner auf meine wissenschaftliche Arbeit „Das Geheimnis der Galaxien" verwiesen mit meiner darin ausführlich erklärten „Theorie zur Lösung des Gravitationsproblems der Galaxien und über ihre spiralförmige Struktur sowie Sinn und Entstehung der Spiralarme", da eine ausführliche Darstellung dieser Thematik an dieser Stelle den Rahmen dieses Buches sprengen würde.**

Deswegen hier nur soviel:

Wir wissen, daß alle Galaxien um ihre Achse rotieren.

Bis vor kurzem war man der festen Meinung, daß die Galaxien nicht etwa wie starre Scheiben rotieren, sondern jeder einzelne Stern der Galaxie für sich einzeln um das Zentrum der Galaxie rotieren würde, d. h. andere Geschwindigkeiten bzw. Rotationszeiten hätte, so ähnlich wie die Planeten unseres Sonnensystems. Wenn jedoch jeder einzelne Stern einer Galaxie eine eigene Rotationsgeschwindigkeit und -dauer hätte, d. h. einzeln um das Zentrum der Galaxie rotieren würde und praktisch selbständig wäre, so hätte dies insbesondere **folgende Konsequenzen:**

1. Die **Sterne** der Spiralarme der Galaxien **müßten von Arm zu Arm springen**, was eindeutig nicht der Fall ist (sonst wären die Risse zwischen den Armen unsichtbar und nicht vorhanden).

2. Die Sterne würden öfter **zusammen kollidieren**, was ebenfalls nicht der Fall ist und höchstens eine Ausnahme darstellt, und es würde ein **Chaos** entstehen.

Deswegen scheidet diese Annahme völlig aus.

In der letzten Zeit setzt sich jedoch immer mehr die Meinung durch, daß die Galaxien doch wie starre Scheiben um ihre Zentren rotieren, **d. h. alle Sterne der Galaxien dieselben Rotationszeiten und Winkelgeschwindigkeiten haben.**

Es ergibt sich bei dieser Überlegung aber ein **großes Problem** , da dies unmöglich zu sein scheint :
Nach dem Newtonschen Gravitationsgesetz scheint dies unmöglich zu sein, da als Konsequenz dieses Gesetzes die äußeren Sterne langsamer drehen müßten als die inneren, und zwar je entfernter sie vom Zentrum der Galaxie liegen, desto langsamer müßten sie um das gemeinsame Zentrum der Galaxie rotieren, genauso wie z. B. bei unserem Planetensystem, da sonst die äußeren Sterne durch das Überwiegen der Zentrifugalkraft nach außen geschleudert werden müßten.
Weshalb?
Um dies genau erklären zu können, müssen wir kurz auf die Formeln des Gravitationsgesetzes und der Zentrifugalkraft eingehen:

Die **Gravitationskraft** wird bestimmt durch die Newtonsche Gravitationsformel:

$$F = G \frac{m1 \cdot m2}{r^2}$$

Daraus geht also z. B. hervor, daß die **Gravitationskraft mit dem Quadrat der Entfernung abnimmt.**

Die **Zentrifugalkraft** wird berechnet nach der folgenden Formel:

$$f = m \frac{v^2}{r}$$

Die Gravitationskraft einerseits und die Zentrifugalkraft andererseits stellen ein **Kräftepaar** dar, das jeweils in entgegengesetzter Richtung wirkt. Nur wenn sie sich gegenseitig genau aufheben, ergeben sich stabile Bahnen. Dies ist z. B. bei allen Planeten und Monden unseres Sonnensystems der Fall.

Alle Sterne einer Galaxie stehen einerseits unter dem Einfluß der **Gravitationskraft** der Galaxie und andererseits unter dem Einfluß der durch die Rotation entstehenden **Zentrifugalkraft**, die sich gegenseitig aufheben, und rotieren so um das Zentrum der Galaxie.

Wie aus der obigen Gravitationsformel hervorgeht, nimmt jedoch die Gravitationskraft mit dem Quadrat der Entfernung ab. Deswegen müßten die mehr am Rande liegenden Sterne wegen der dort geringeren Gravitationskraft wegfliegen, wenn sie mit derselben Geschwindigkeit rotieren wie die inneren Sterne, und zwar durch das Überwiegen der Zentrifugalkraft. **Warum tun sie es aber nicht?**

Dieses scheinbar unlösbare Problem wird gelöst durch meine oben erwähnte **„Theorie zur Lösung des Gravitationsproblems und der spiraligen Struktur der Galaxien"** bzw. durch meine wissenschaftliche Arbeit **„Das Geheimnis der Galaxien"**, worauf hier nicht näher eingegangen werden kann, wie oben bereits angedeutet und begründet.

Im übrigen scheint die Gravitationskraft einer Galaxie aufgrund der bisherigen Berechnungen und Annahmen der Astronomen erheblich kleiner zu sein, um die Sterne der Galaxie zusammenzuhalten, und würde nur ca. 10 % der für den Zusammenhalt notwendigen Gravitation betragen. Auch dieses Problem wird durch meine diesbezüglichen Theorien und wissenschaftlichen Arbeiten gelöst, worauf hiermit verwiesen wird. **Dort findet auch die bisher fehlende Restgravitation von Galaxien von ca. 90 % ihre Erklärung.**

Zu Nr. 4: Weil es sich um geordnete Bewegungen handelt.

Zu Nr. 5: Die Ursache der **Rotverschiebung** ist nur **teilweise** der **Doppler-Effekt** durch die Expansion bzw. Fluchtbewegung des Universums. Im Rahmen dieses Buches kann ich leider nur teilweise auf dieses Phänomen und seiner genauen Deutung eingehen, da dies sehr umfangreich ist und den Rahmen des Buches ebenfalls sprengen würde. Deswegen wird auf **meine Bücher „Große Geheimnisse des Universums , Bd. I und Bd. II"** **verwiesen bzw. auf meine diesbezüglichen Theorien im Rahmen meiner wissenschaftlichen Arbeiten.**

Zu Nr. 6, 7, 8 und 9: Diese Fragen werden insbesondere in Kapitel 11 umfassend beantwortet.

Zu Nr. 10: Die Antwort ist sehr einfach: weil **alle Zufallserscheinungen unregelmäßig verteilt sind.** Wenn wir z. B. etwas Sand in die Hand nehmen und aus einer gewissen Höhe fallenlassen, werden wir sehen, daß sich die Sandkörper nicht gleichmäßig, sondern **ungleichmäßig** verteilen. Auch wenn wir Zufallserscheinungen in einer Tabelle eintragen, werden wir sehen, daß die Verteilung unregelmäßig ist. Dabei ist diese Unregelmäßigkeit so, daß bestimmte Teile der Tabelle fast ganz ausgespart, d. h. blank bleiben und anderswo sich die Erscheinungen häufen. Wenn wir uns den Himmel bzw. die Verteilung der Sterne und der Galaxien ansehen, werden wir ebenfalls feststellen, daß bestimmte Gebiete fast völlig ausgespart, d. h. sozusagen leer und auf anderen Gebieten Häufungen und Ansammlungen vorhanden sind. **Dies unterstreicht sehr deutlich nochmals die Zufälligkeit des ganzen Universums (wegen einer noch ausführlicheren Darstellung und Beweisführung siehe meine betreffende wissenschaftliche Arbeit).**

Kapitel 7

Quasare

Quasare gehören zu den rätselhaftesten und faszinierendsten Objekten in der Astronomie. Sie sind die entferntesten Objekte, die uns bekannt sind, und zeigen gewaltige Rotverschiebungen, die unsere Physik vor große Rätsel stellen, da diese Rotverschiebungen noch größeren Geschwindigkeiten entsprechen als die Lichtgeschwindigkeit. Sind sie die Grenze unseres Universum? Oder gibt es dahinter noch etwas?

Das Wort Quasar ist eine Abkürzung von Quasi-Stellar, d. h., es bedeutet soviel wie sternenähnliche Objekte.

Die Entdeckung der Quasare verdanken wir der Radioastronomie, die gegen Ende der fünfziger Jahre eingeführt wurde, da Quasare gewaltige Radiostrahlen aussenden.
Fast alle Objekte, die anfänglich mit den Radioteleskopen untersucht wurden, waren großflächig wie unsere Milchstraße oder andere Galaxien. Deswegen war eine echte Überraschung, als 1960 Allan Sandage auf eine Aufnahme mit dem 5-Meter-Mt.-Palomar-Spiegelteleskop ein sternenähnliches Objekt fand, dessen Position mit der Radioquelle 3C 48 übereinstimmte. Durch die nachfolgende

Untersuchung dieses Objektes mit Hilfe des Interferometers durch Thomas Matthews, der am Owens Valley Radio-Observatorium des California Institute of Technology durchgeführt wurde, konnte eine wesentlich präzisere Ortsbestimmung der Radioquelle erfolgen. Bald danach wurden weitere solche Objekte am Himmel festgestellt und genauer untersucht. Es handelte sich dabei immer um fast punktförmige sternenähnliche Objekte, von denen eine gewaltige Radiostrahlung emittiert wurde.

Die nächste große Überraschung in der Geschichte der Quasare kam jedoch erst, als man begann, die optischen Spektren der beiden Quasare zu untersuchen. Aufnahmen mit dem 5-Meter-Mt.-Palomar-Teleskop zeigten Emissionslinien, die zunächst an die Spektren von sehr heißen Objekten von hoher Leuchtkraft erinnerten; jedoch war zunächst keine Zuordnung zu bekannten Linien möglich. Es war Maarten Schmidt, der sich sehr intensiv mit den Quasarspektren befaßt hatte. Er kam 1963 auf die Idee, ob es sich dabei nicht um normale Spektrallinien handeln könnte, die nur sehr stark in den **roten Bereich verschoben** waren. Weitere Untersuchungen und Rechnungen zeigten, daß es sich bei diesen Emissionslinien tatsächlich um die Balmer-Serie des Wasserstoffs handelt, die bei 3C 273 eine Rotverschiebung von 16 % und bei 3C 48 eine solche von 37 % aufwiesen.

Bei dem optischen Spektrum der Quasare handelt es sich um ein **blaues Kontinuum** mit sehr **breiten Emissionslinien**. Die Quasare sind ferner die **absolut hellsten Objekte** im Universum und mehr als hundertmal so hell wie Riesengalaxien. **Das optische Bild ist sternartig**, wohl, wie bereits erwähnt, mit **enormen Rotverschiebungen**.
Die Quasare sind auch Quellen der Emission von Infrarot- und starken Röntgenstrahlen.

Bei der Rotverschiebung handelt es sich um den sogenannten **Doppler-Effekt**, der entsteht, wenn ein Objekt sich von uns entfernt. Die bei den Quasaren festgestellten Rotverschiebungen waren jedoch dermaßen stark, daß sie enormen Geschwindigkeiten entsprachen. Gleichzeitig zeigten sie, daß es sich bei den Quasaren um **enorm weit** gelegene Objekte handeln mußte, die bis dahin unbekannt waren.

Wie bereits erwähnt, handelt es sich um *extreme* **Rotverschiebungen,** so daß viele Linien, die sonst im ultravioletten Bereich des Spektrums liegen, sich im sichtbaren Bereich befinden.
Wenn man jedoch aufgrund dieser extremen Rotverschiebung die Fluchtgeschwindigkeit anhand des Doppler-Effektes berechnet, dann würden so enorme Geschwindigkeiten resultieren, die auch die Lichtgeschwindigkeit überschreiten, sogar bei einigen Quasaren ein Mehrfaches der Lichtgeschwindigkeit betragen und deswegen unmöglich erscheinen.

Aufgrund der Rotverschiebungen der Quasare müßten sie sich in einer Entfernung von bis zu ca. 18 Milliarden Lichtjahre von uns befinden und sind somit die entferntesten Objekte, die jemals festgestellt worden sind.
Deswegen sind bisher mehrere Erklärungsversuche herangezogen worden, die jedoch alle nicht überzeugen . Aber dieses große Problem kann gelöst werde durch meine Theorie der Quasare (s. **meine Bücher „ Die Grossen Geheimnisse des Universums , Bd. 1 und Bd. 2 „.**

Ein weiteres Phänomen bei den Quasaren ist die bei ihnen beobachteten starken **Helligkeitsschwankungen** . Dies ist ein deutlicher Hinweis darauf, daß die Quasare außerordentlich **klein** sein müssen. Denn wenn sie über einen Durchmesser von z. B. mehreren Lichtjahren verfügen würden, würden diese Lichtschwankungen erheblich länger dauern.

Der **Durchmesser** der Quasare kann also nur im Bereich von einigen Milliarden bis Billionen Kilometern liegen und hat mit den astronomischen Lichtjahr-Dimensionen, mit denen die Astronomie normalerweise zu tun hat, nichts zu tun, sondern mit astronomischen Dimensionen von einigen Lichtwochen bis -monaten.

Diese gewaltige Abstrahlung der Radiowellen war ferner Anlaß zur Überlegung, woher diese **enormen Energien** entstammen und durch welche Energiequellen. Es ist von einigen Astronomen überlegt worden, ob die Quasare vielleicht doch gar nicht so entfernt sind wie bisher angenommen.
Als Energiequelle ist z. B. auch an eine Kollision von zwei Galaxien gedacht worden.

Wenn die Quasare trotz ihrer riesigen Distanzen als starke Radioquellen und sogar oft als optisch sehr gut sichtbare Objekte zu finden sind, müßten sie erheblich stärkere Energiemengen produzieren als z. B. alle normalen Galaxien. Der Quasar 3C 273 würde etwa sechs Billionen Sonnen entsprechen, zumindest im optischen Bereich.

Seit der Entdeckung der ersten Quasare sind viele Astronomen mit diesem Forschungsgebiet befaßt und seitdem mehrere Tausend Quasare entdeckt und katalogmäßig zusammengestellt worden. Diese Untersuchungen sind dabei nicht nur mit erdgebundenen Beobachtungstechniken, sondern auch mit Hilfe der Raumfahrttechnologie durchgeführt worden. Es sind dabei umfangreiches Material und umfangreiche Daten gesammelt worden, allerdings ohne viel weitergekommen zu sein. Auch das Hubble-Teleskop im Weltraum ist damit befaßt und hat mittlerweile umfangreiches Datenmaterial zur Erde gefunkt. **Es ist dabei so, daß die Fragen, die bei diesen**

Beobachtungen auftauchen, erheblich größer sind als die Antworten und Erklärungen, die man dafür finden kann.

Wir fassen also zusammen:
Bei den Quasaren handelt es sich um Objekte, die insbesondere folgende Eigenschaften aufweisen:

1. **Sie erscheinen punktförmig, also ähnlich wie die Sterne.**
2. **Sie emittieren starke Radiostrahlen.**
3. **Sie haben eine enorme absolute Helligkeit im sichtbaren Lichtbereich.**
4. **Spektroskopisch zeigt ihr Licht ein blaues Kontinuum mit enormer Rotverschiebung aufweisenden Emissionslinien, die teilweise sogar eine mehrfache Lichtgeschwindigkeit bedeuten würde, eine Tatsache, die deswegen unerklärbar erscheint.**
5. **Sie entsenden außerdem Infrarot- und Röntgenstrahlen.**
6. **Sie weisen schnelle Helligkeitsschwankungen auf, die darauf hindeuten, daß es sich um relativ kleine Objekte handeln muß, natürlich im Sinne der astronomischen Dimensionen.**
7. **Sie sind die entferntesten Himmelsobjekte, die wir kennen, und ihre Entfernung beträgt bis ca. 18 Milliarden Lichtjahre.**
8. **Es handelt sich um ganz enorme Energiefreisetzungen, die ebenfalls unvorstellbar erscheinen und z. B. mit den Energiedimensionen unserer Sonne keineswegs vergleichbar sind.**

Soweit, so gut. Aufgrund dieser Tatsachen ergeben sich jedoch insbesondere **folgende Fragen:**

1. **Was sind das für Objekte?**
2. **Wieso zeigen sie so starke Rotverschiebungen, die auf scheinbar unmöglichen Geschwindigkeiten schließen lassen?**
3. **Wieso sind sie so hell?**
4. **Wieso entsenden Sie starke Radiostrahlen?**
5. **Was ist die Quelle ihrer enormen Energie?**
6. **Wieso sind sie trotzdem so klein?**
7. **Wer hat sie geschaffen?**
8. **Wie sind so enorme Geschwindigkeiten entstanden?**
9. **Sind sie sozusagen das Ende des Universums, oder kommt dahinter noch etwas bzw. wenn ja, was?**

Meine diesbezüglichen Theorien im Rahmen meiner diversen wissenschaftlichen Arbeiten können diese Fragen beantworten und die aufgeworfene Problematik lösen, worauf an dieser Stelle nur hingewiesen und verwiesen wird. Sie können natürlich nicht ausführlich im Rahmen dieses Buches abgehandelt werden, da sie sehr umfangreich und deshalb Gegenstand weiterer Bücher sind, die sich in Vorbereitung befinden.

Wegen einer ausführlicheren Beantwortung dieser Fragen und einer umfassenden Darstellung dieser faszinierenden Phänomene möchte ich insbesondere auf **meine Bücher „Die Grossen Geheimnisse des Universums , Bd. 1 und Bd. 2 „** verweisen .

In den nachfolgenden Kapiteln dieses Buches werde ich jedoch auf einige dieser Fragen eingehen und sie kurz beantworten, so daß es sich lohnt, dieses Buch weiterzulesen.

Kapitel 8

Geschichte der Astronomie

Die Geschichte der Astronomie ist voller Verirrungen.

Keine Angst! Ich will Sie hier keineswegs mit der gesamten Geschichte der Astronomie belasten, sondern nur kurz einige Meilensteine in der Geschichte der Astronomie erwähnen, soweit sie für das bessere Verständnis der Thematik dieses Buches erforderlich erscheinen, und kurz meine Kommentare und Erklärungen dazu abgeben.

Die Geschichte der Astronomie ist praktisch genauso alt wie die Geschichte der Menschen selbst. Soweit bekannt, soll sich der Mensch schon immer für die Sterne und den Himmel interessiert, den Himmel betrachtet und sich somit mit der Astronomie beschäftigt haben.

Im Altertum glaubte man, daß unsere Erde das Zentrum des Universums wäre und die Sonne und alle Sterne sich um die Erde drehen würden. Man glaubte ferner, daß die Erde flach wäre.

Man benutzte die Astronomie, um daraus Prognosen für das Schicksal der Menschen abzugeben, d. h., daß man die

Astronomie mit der Astrologie vermischte und sie zusammen als eine Einheit betrieb.

Eine große Rolle spielten damals insbesondere die Sonnenfinsternisse, die als Unglück und Weltuntergang betrachtet wurden. Da damals Teleskope noch nicht vorhanden waren, mußte der Himmel mit bloßen Augen beobachtet werden. Trotzdem ist es erstaunlich, welche Beobachtungen gemacht worden sind und welche Berechnungen damals aufgestellt werden konnten.

Überhaupt, die gesamte Geschichte der Astronomie ist voller Verirrungen. Hier ist insbesondere der Name des Astronomen **Ptolemäus** zu nennen, der die sogenannten **Epizyklen** (s. Abb. 1) erfunden, die Erde als Zentrum des Universums dargestellt und **es geschafft hat, daß die Menschen praktisch vom 2. bis zum 16. Jahrhundert, d. h. fast 1.400 Jahre, daran geglaubt und festgehalten haben!**

Wissenschaftler, die versucht haben, davon Abweichendes zu behaupten, wie **Galileo Galilei**, sind als Ketzer diffamiert, ausgestoßen, verteufelt und sogar hingerichtet worden.

Also auch bei der Astronomie haben die Abweichler es sehr schwer gehabt, auch wenn sie recht hatten, wie sich allerdings häufig erst später herausgestellt hat.

Alles, was wir heute in der Astronomie kennen, ist nach und nach im Laufe der Zeit entdeckt und durch eine ganze Reihe kluger Köpfe Stück für Stück durch Theorien entwickelt worden.

Schon die **Babylonier** haben sehr intensiv Astronomie betreiben, Aufzeichnungen gemacht und Vorausberechnungen vorgenommen.

Die **Ägypter** haben sogar 4.000 Jahre v. Chr. aufgrund intensiver Himmelsbeobachtungen Kalender entworfen. Bei ihnen schien der Stern Sirius eine sehr große Bedeutung gehabt zu haben, so daß er bei der Ausrichtung der Pyramiden eine entscheidende Rolle gespielt hat.

Auch die **Iraner** haben sich mit der Astronomie intensiv befaßt.

In **China** lassen sich Spuren der Astronomie bis 3.000 Jahre v. Chr. zurückverfolgen.

Die griechische Astronomie ist ebenfalls bekannt.

Es war um das Jahr 400 v. Chr. **Aristoteles**, der die Behauptung aufstellte, **die Erde sei rund.** Er stützte seine Behauptung auf die beobachtete Tatsache, daß der bei den Mondfinsternissen sichtbar werdende Erdschatten auf dem Mond eine Kreisform hat. Welche geniale Beobachtung und Deutung!!!!

Der griechische Astronom **Aristarch** hatte zwar schon um 265 v. Chr. angenommen, daß die Sonne der Mittelpunkt sei, seine Annahme fand jedoch damals wenig Beachtung. Er hat ferner versucht, die Entfernungen zwischen der Sonne bzw. dem Mond und der Erde zu bestimmen.

Die erste Messung des Erdumfangs erfolgte durch **Eratosthenes** ca. 250 Jahre v. Chr.

Es war ferner um ca. 150 n. Chr. der griechische Astronom **Ptolemäus**, der, wie oben schon erwähnt, durch sein völlig falsches Weltbild jahrhundertelang die ganze Welt irreführte.

Er betrachtete die Erde als Mittelpunkt des Universums und behauptete, daß die anderen Planeten sich um die Erde drehen würden. Würde man dies jedoch annehmen, würden die Planeten (scheinbar) zusätzliche Kreisbewegungen ausführen, die er als Epizyklen darstellte und in Wirklichkeit selbstverständlich nicht existieren, wenn man die Sonne als Zentrum betrachten würde, weil dann auch die Erde die Sonne umkreisen würde wie die anderen Planeten. Es handelte sich somit um eine völlig künstliche Annahme, die mit der Wirklichkeit überhaupt nichts zu tun hat.

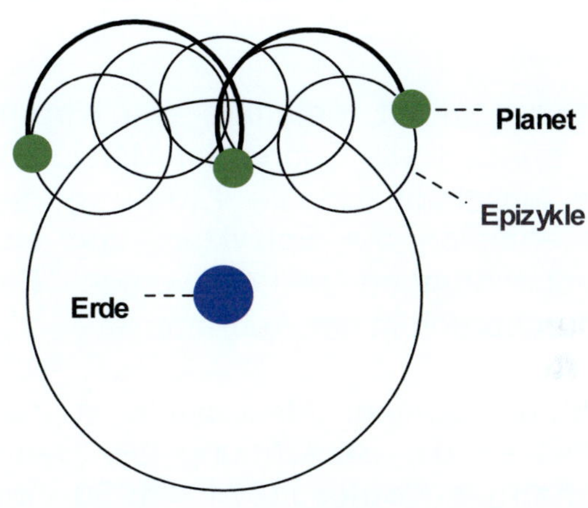

Epizyklen von Ptolemäus

Abb. 1

Bei dieser falschen Annahme entstanden **Schleifenbildungen** der Planeten (s. Abb.1), die dadurch zustande kamen, daß die Planeten verschiedene Umlaufzeiten um die Sonne haben und sich somit bei ihren Umkreisungen um die Sonne laufend überholen.

Das Ansehen von Ptolemäus war so groß, seine Behauptung war so imponierend, und es mangelte in der Folgezeit dermaßen an großen Denkern, daß es Jahrhunderte dauerte, bis dieses falsche Weltbild durch **Kopernikus** (1473 – 1543 n. Chr.!!!!) im 16. Jahrhundert richtiggestellt werden konnte.

Auch der Name des dänischen Astronomen **Tycho de Brahe** muß erwähnt werden, der sich für die Epizyklen von Ptolemäus begeisterte und genaue Sternvermessungen lieferte.

Wie bereits erwähnt, erkannte erst **Kopernikus**, daß nicht die Erde, sondern die Sonne der Mittelpunkt ist und sich alle Planeten einschließlich die Erde um die Sonne drehen. Dadurch entfielen die Epizyklen, und es konnten endlich viele Beobachtungen erklärt werden. Dies war ein sehr großer Durchbruch in der Astronomie.

Ein weiterer wichtiger Meilenstein in der Geschichte der Astronomie ist die Berechnung der Bahnen der Planeten durch **Johannes Kepler** (1571 – 1630) im 17. Jahrhundert, der durch **seine 3 bekannten Gesetze der Bewegungen der Planeten um die Sonne** die Astronomie revolutionierte. Da diese drei Gesetze äußerst wichtig und für die Astronomie von großer Bedeutung sind, möchte ich sie hier kurz erwähnen und kommentieren:

1. **Alle Planeten bewegen sich in elliptischen Bahnen um die Sonne, wobei die Sonne in einem Brennpunkt der Ellipse liegt.**

Mein Kommentar dazu: Ein Kreis ist der Idealfall einer Ellipse und nichts anderes. Deswegen ist durchaus möglich, daß im Universum auch Sonnensysteme existieren mit kreisförmigen Planetenbahnen, eine Tatsache, die jedoch nach den Wahrscheinlichkeitsgesetzen selten anzutreffen sein wird.

2. **Die Verbindungslinie (der Strahl) zwischen der Sonne und den einzelnen Planeten überstreicht in gleichen Zeiten gleiche Flächen.**

Mein Kommentar dazu: Das heißt, die Bahngeschwindigkeit der jeweiligen Planeten ist nicht konstant, sondern variabel, derart, daß die Geschwindigkeit in der Nähe der Sonne größer und erst dann wieder langsamer wird, wenn der Planet sich wieder von der Sonne entfernt. Bezogen auf die Erde bedeutet dies z. B., daß die Erde im Winter sich schneller um die Sonne dreht als im Sommer.

3. **Das Quadrat der Umlaufdauer der Planeten ist proportional zu der dritten Potenz ihrer mittleren Entfernung von der Sonne**.

Mein Kommentar: Das heißt, die Planeten, die von der Sonne weiter entfernt sind, **erheblich** langsamer die Sonne umkreisen, was bedeutet, daß die Jahre dieser Planeten (z. B. Neptun) erheblich länger sind als das Jahr der Erde.

Kepler konnte aber nicht erklären, durch welche Kräfte sich die Planeten auf ihren Bahnen bewegen und dort festgehalten werden.

Dies geschah erst durch **Isaac Newton** (1643 – 1727), der die **Gesetze der Mechanik und Gravitation entwickelte und dadurch erklären konnte, wie die Planeten auf ihren Bahnen um die Sonne festgehalten werden**. Er muß deswegen als ein sehr bedeutender Wissenschaftler in der Geschichte der Astronomie und Physik bezeichnet werden.

Das **Gravitationsgesetz** von Newton ist so wichtig, daß ich es hier ebenfalls kurz darstellen möchte:

$$F = G \frac{m1 \cdot m2}{r^2}$$

F ist die Gravitation, m1 und m² sind die Massen der jeweiligen Himmelskörper (Planeten bzw. Sonne), r ist die Entfernung der Himmelskörper voneinander, G die Gravitationskonstante.

Die Formel bedeutet also im Klartext, daß je größer die Masse der jeweiligen Körper, um so größer die Gravitationskraft, und je weiter die Himmelskörper voneinander entfernt sind, um so geringer ist die Gravitation, und zwar nimmt sie mit dem Quadrat der Entfernung ab, d. h. ganz erheblich .

Die Planeten werden auf ihren Bahnen festgehalten, weil die durch die Kreisbewegung erzeugte Zentrifugalkraft

genauso groß ist wie die jeweilige Gravitationskraft, die entgegengesetzt wirkt.

Im 20. Jahrhundert muß vor allem der Name **Hubble** genannt werden, dem wir die Entdeckung und die Bedeutung der **Rotverschiebung der Sterne** durch den sogenannten Doppler-Effekt des Lichts verdanken, ferner die Erkenntnis, daß das **Universum expandiert.**

Schließlich wurden weitere erhebliche Fortschritte durch die Satellitentechnik, die Raumfahrt und ferner durch das Hubble-Teleskop erreicht.

Die 2 Relativitätstheorien von Albert **Einstein** , die im übrigen nicht richtig sind (vergl. **mein Buch „ Sind die Relativitätstheorien von Einstein richtig? Meine energetische Relativitätstheorie"**) sind ebenfalls vom 20. Jahrhundert ..

Kapitel 9

Das Universum

Wer hat unser Universum geschaffen? Wer hat uns geschaffen? Woher sind wir gekommen, und wohin geht unsere Reise? Wie und woher ist die ganze Energie und Materie des Universums und seine Milliarden von Galaxien entstanden?
Die Urknalltheorie ist nur Produkt unserer grenzenlosen Phantasie, hält einer kritischen und logischen Überprüfung nicht statt und ist nicht richtig.
Was ist das Rätsel der Hintergrundstrahlung, und woher stammt sie?

Damit wir uns das Wesen des Universums besser vorstellen und begreifen können, war ein kurzer Streifzug durch die Geschichte der Astronomie mit kurzer Darstellung einiger ihrer Meilensteine im Rahmen des vorigen Kapitels unerläßlich. Nur so können wir auch verstehen, welche Fehler noch heute beim Entwerfen eines Modells für das Universum gemacht werden.

Wie wir gesehen haben, glaubte man im Altertum, daß unsere Erde das Zentrum des Universums wäre, die Sonne und alle Sterne sich um die Erde drehen würden und die Erde flach wäre. Auch die Tatsache, daß das Universum expandieren würde, wurde erheblich später, nämlich erst im 20. Jahrhundert, entdeckt.

So wurden nach und nach und Schritt für Schritt neue Erkenntnisse gewonnen bzw. neue Entdeckungen gemacht und unser Wissen über das Universum und seiner Bestandteile laufend erweitert.

Es hat verschiedene Modelle und Theorien des Universums gegeben. Jedoch **keine** dieser Theorien konnte bisher die ganzen Phänomene des Universums logisch und plausibel erklären.
Nachfolgend einige dieser Theorien mit kurzer Darstellung, weshalb sie nicht überzeugend und völlig unwahrscheinlich sind:

1. **Stationäre Modelle**: Diese Modelle sind bereits im Ansatz nicht richtig und völlig weltfremd. Schon wenn wir unsere nächste Umgebung im Universum betrachten, werden wir feststellen, daß sich fast alles in Bewegung befindet und nichts stillsteht, da in der Natur Stillstand meistens tödlich ist, wie wir bereits begründet haben. Außerdem können diese Modelle die meisten Phänomene im Universum, wie z. B. die Rotverschiebung der Himmelskörper, nicht erklären. Deswegen brauchen wir hier auf diese Modelle nicht weiter einzugehen.

2. **Die Modelle, die nur eine Expansion, aber keine Kontraktion bzw. Rückkehr des Universums postulieren**, sei es denn parabolisch, hyperbolisch oder

sonstwie . Danach wird davon ausgegangen, daß das Universum sich ewig ausdehnt und nie zurückkehrt.

Diese Modelle sind ebenfalls schon im Ansatz falsch und völlig unwahrscheinlich, da sie auch völlig weltfremd sind. Jede Theorie und jede Vorstellung über das Universum fängt mit der Beobachtung der Natur und unserer nächsten Umgebung im Universum an.

Schon wenn wir unsere Erde beobachten, werden wir feststellen, daß sie sich nicht blind in einer Richtung bewegt, sondern sich um die Sonne dreht, d. h., daß sie immer wieder zurückkommt. Solche Bewegungen nur in einer Richtung sind in der Natur völlig fremd; und wenn ein Himmelskörper sich in der Natur irrt und nur in einer Richtung fliegt, hat er keinerlei Chance zum Überleben, da er kurz oder lang von anderen Himmelskörpern angezogen und durch Kollision mit diesen zerstört wird, wie wir in den vorigen Kapiteln dargestellt haben. Die zahlreichen Meteoriten sind Beispiele dafür.

3. **Modelle mit Expansion und Kontraktion**: Diese Modelle kommen der Sache schon näher, jedoch hat keines von ihnen bisher die beobachteten Phänomene lösen bzw. die aufgeworfenen Fragen beantworten können, z. B. durch welche Kräfte die Expansion abgebremst und die Kontraktion herbeigeführt wird? Wie ist die ganze Energie des Universums entstanden? Was ist mit den Quasaren? Und so weiter.

   Auch die Schöpfungsfrage kann durch diese Modelle keineswegs gelöst werden. Die sogenannte Hintergrundstrahlung als Stütze für diese Theorien taugt ebenfalls kaum. Warum? Diese Frage wird auf den nächsten Seiten beantwortet.

Jede Theorie bzw. jedes Modell des Universums muß zumindest folgende Phänomene bzw. Fragen beantworten können:

1. Wer hat das Universum geschaffen und wie?
2. Was war am Anfang, und was wird sein am Ende des Universums?
3. Was ist die Ursache der Rotverschiebung der Himmelskörper?
4. Was ist die Ursache der Hintergrundstrahlung?
5. Wie sind die ganze Energie bzw. die ganze Materie und der Raum im Universum entstanden?
6. Warum befindet sich alles in ständiger Bewegung?
7. Weshalb bestehen diese Bewegungen hauptsächlich aus Rotationen und Umkreisungen?
8. Weshalb sind so gut wie alle Phänomene in der Natur zyklisch, d. h. kehren immer wieder zurück und wiederholen sich stets wieder?
9. Was sind die Quasare, und weshalb sind sie so hell, obwohl sie äußerst klein und extrem entfernt sind?
10. Durch welche Kräfte wird die Expansion abgebremst, und durch welche Kräfte entsteht die Kontraktion?
11. Weshalb ist das Universum bzw. die Natur so vielfältig und flüchtig, und was ist der Zweck dieser Vielfalt?
12. Weshalb ist die Verteilung der Sterne im Universum so ungleichmäßig?
13. Interessant wäre außerdem, wenn die ebenfalls von vielen Astronomen gestellte Frage beantwortet werden könnte, weshalb der Nachthimmel bzw. der Raum zwischen den Sternen im Universum nicht hell, sondern dunkel ist?

14. **Weshalb fliegen die Sterne einer Galaxie nicht auseinander? (Die bisher berechnete Gravitationskraft im Zentrum der Galaxien scheint bei weitem dazu nicht auszureichen, die Sterne der Galaxie auf ihren Bahnen sozusagen festzuhalten.)**

Keine der bisher bekannten Theorien kann all diese Fragen beantworten.

Im Rahmen meiner DPNS-Theorie in Kapitel 11 werden wir aber sehen, daß alle Fragen durch meine Theorie überzeugend beantwortet werden.

Auf einige dieser Probleme sowie auf einige grundsätzliche Probleme möchte ich jedoch in diesem Kapitel vorweg kurz eingehen und einiges klarstellen:

Als Wissenschaftler sind wir gewöhnt, möglichst vieles durch mathematische Formeln nachzuweisen. Alles, was sich mathematisch nachweisen läßt, wird als richtig hingestellt, und alles, was sich mathematisch nicht nachweisen läßt, außer acht gelassen. **Die normale Logik wird jedoch vielfach vergessen bzw. außer acht gelassen.**

Ich muß darauf hinweisen, daß Mathematik von Menschen gemacht bzw. entwickelt wurde und keine Sache ist, die etwa in der Natur vorhanden gewesen ist. Sie beruht auf Logik, und zwar auf unserer Logik.
Vieles läßt sich selbstverständlich mathematisch nachweisen. Viele Dinge sind jedoch mathematisch nicht nachweisbar, etwa weil einige Größen oder Parameter nicht bekannt sind oder weil die notwendigen mathematischen Formeln dazu noch nicht entwickelt worden sind.

Wenn aber die Logik richtig ist, dann sind auch die darauf aufgebauten bzw. daraus abgeleiteten Dinge richtig.

Wir müßten auch bei wissenschaftlichen Sachen mehr unsere Logik einsetzen, anstatt uns vielfach auf komplizierte mathematische Formeln einzulassen und einwickeln zu lassen und schließlich zu übersehen, daß die Logik auf der Strecke geblieben ist.

Wir sind insbesondere auf dem Gebiet der Physik gewöhnt, fast alles aus Formeln abzuleiten und durch Formeln nachzuweisen. Die physikalischen Formeln beruhen im allgemeinen auf Experimente. Im Bereich des Universums sind jedoch Experimente (abgesehen von der Raumfahrt) logischerweise nicht möglich.

Wir wollen festhalten: **Die Logik müßte bei der Lösung der wissenschaftlichen Probleme eine erheblich größere Rolle spielen.** Viele Naturphänomene lassen sich mathematisch nicht lösen und durch physikalische Experimente nicht darstellen.

Es erscheint völlig ausgeschlossen, daß die gesamte Energie des Universums schon am Anfang vorhanden und am Anfang des Universums in einem Punkt konzentriert sein soll, wie die Urknalltheorie und die meisten bisher bekannten anderen Theorien unterstellen.

Die gigantische Größe des Universums und dessen enorme Masse und Energie machen es völlig **unmöglich**, daß die gesamte Energie des Universums in einem Punkt vereinigt gewesen sein soll.

Welche Kräfte sollen diese Kompression bewirkt haben? Wenn Gravitationskräfte, durch welche Kräfte würde das Universum dann wieder expandieren? Durch Explosion? Welche gigantischen Kräfte müßte diese Explosion entfalten, um die entgegenwirkende unvorstellbar große Gravitation zu überwinden, die die angeblich in einem Punkt konzentrierte ungeheure Energie bzw. Masse des Universums erzeugen würde?
Es ist dabei ebenfalls völlig unmöglich, daß diese Explosionskraft nach ca. 12–15 Milliarden Jahren seit der Entstehung des Universums immer noch ausreichen würde, das Universum weiter expandieren zu lassen, und zwar immer noch gegen die entgegenwirkende massive Gravitationskraft?

Durch welche Kräfte soll die Expansion des Universums in eine Kompression übergehen? Wenn durch die Gravitationskräfte, dann muß daran erinnert werden, daß die bisher berechnete gesamte Gravitationskraft des gesamten Universums bei weitem dazu nicht ausreicht.

Eine größere Expansion des Universums wäre erst gar nicht möglich gewesen, wenn die gesamte Energie des Universums schon am Anfang vorhanden gewesen wäre, und diese Energie wäre bis jetzt, d. h. nach 12–15 Milliarden Jahren (!) schon längst zu Ende gegangen.

Die Urknall-Theorie beantwortet ferner keineswegs die Frage, wie die gesamte Energie des Universums entstanden ist und wer sie geschaffen hat.

Als eine Art Beweis bzw. Unterstützung für diese **Urknall-Theorie** wird der sogenannte **Urknall** herangezogen. Es wird ein Urknall durch eine gewaltige Explosion am Anfang des

Universums unterstellt, mit der Folge, daß die Reste dieses Knalls heute noch in Form der sogenannten Hintergrundstrahlung festzustellen wären. Es handelt sich dabei um eine Strahlung mit einer Wellenlänge von 3–30 Zentimetern, die der Strahlung eines Hohlraumes bei einer Temperatur von ca. 3 K entspricht. Es erscheint **völlig unwahrscheinlich,** daß nach 12 bis 15 Milliarden Jahren immer noch diese Strahlung nachweisbar sein soll. Außerdem ist die festgestellte Wellenlänge dieser Strahlung sozusagen nur durch die schönheitschirurgische Notoperation künstlich in Übereinstimmung gebracht worden.

Soll diese Explosion soviel Kräfte erzeugt haben, daß heute nach ca. 12–15 Milliarden Jahren das Universum immer noch mit einer beschleunigten Geschwindigkeit expandiert, die schon in die Nähe der Lichtgeschwindigkeit angekommen ist und sich immer noch weiter beschleunigt, anstatt langsamer zu werden?

Und dies trotz der von vornherein entgegengewirkten und noch entgegenwirkenden gewaltigen Gravitationskraft des ganzen Universums? Auch dies mag sehr faszinierend sein, erscheint jedoch ebenfalls **völlig unwahrscheinlich.**

Abgesehen davon, daß die Urknalltheorie keine der oben aufgeworfenen Fragen beantworten kann, gibt es eine ganze Fülle von Tatsachen, Phänomene und Gegenargumente, die gegen die Urknalltheorie sprechen und sie widerlegen.

Nachfolgend möchte ich insbesondere folgende Tatsachen, Phänomene und Gegenargumente

zusammenfassen, die gegen die Urknalltheorie sprechen:

1. **Die Urknalltheorie beantwortet keineswegs die Frage, wie die ganze Energie bzw. die Masse, der Raum und die Zeit des Universums entstanden sein sollen bzw. woher sie gekommen sind und was vorher war, ferner, wer das Universum geschaffen hat und wie?**

2. **Es erscheint völlig ausgeschlossen, daß die gesamte Energie des Universums am Anfang des Universums in einem Punkt konzentriert gewesen sein soll, wie bisher bekannte Theorien unterstellen:**

   Die gigantische Größe des Universums und dessen gigantische Masse und Energie machen es völlig unmöglich, daß die gesamte Energie des Universums in einem Punkt vereinigt gewesen sein soll.

3. **Welche Kräfte sollen diese Kompression bzw. Konzentration bewirkt haben?** Wenn die Gravitationskräfte, durch welche Kräfte würde das Universum dann wieder expandieren? Durch die Explosionskraft, obwohl die unvorstellbar große Gravitationskraft entgegenwirkt?

4. **Durch welche Kräfte soll die Expansion des Universums später in eine Kompression übergehen?** Wenn durch die Gravitationskräfte, dann muß daran erinnert werden, daß die bisher berechnete gesamte Gravitationskraft des gesamten Universums bei weitem dazu nicht ausreicht.

5. **Eine größere Expansion des Universums wäre erst gar nicht möglich gewesen, wenn die gesamte Energie des Universums am Anfang vorhanden gewesen wäre, und diese Energie wäre bis jetzt, d. h. nach 12–15 Milliarden Jahren schon längst zu Ende gegangen.**

6. **Wie soll der gesamte Raum in einem Punkt konzentriert gewesen sein, und wie soll sich ein Raum so entfalten und solchen Dimensionen annehmen, wie er sie heute hat?**

7. **Alle Erscheinungen des Universums sind zyklisch,** d. h., sie wiederholen sich immer wieder bzw. sie kehren stets wieder zurück (wie Tag und Nacht, Sommer und Winter usw.). Der bekannte Philosoph Friedrich Nietzsche spricht in seinem bekannten Werk „Also sprach Zarathustra" sehr zutreffend von der ewigen Wiederkunft des Gleichen. Die Urknalltheorie löst dieses Problem keineswegs und ist somit völlig naturfremd.

8. **Keine dieser zyklischen Erscheinungen gehen mit einem Knall einher, sondern geschehen fließend und leise (wie die Übergänge Tag und Nacht, Winter und Sommer usw.). Ein Knall als Beginn solcher zyklischen Phänomene ist in der Natur völlig fremd. Die Urknalltheorie steht somit in völligem Gegensatz zu den Erscheinungen und Beobachtungen der Natur und ist somit völlig naturfremd.**

9. **Wieso besteht das ganze Universum aus Materie, und wo bleibt die Antimaterie?** Die angenommene technische Operation kurz nach der Entstehung des Universums ist völlig aus der Luft gegriffen und völlig willkürlich.

10. **Auch die angenommene angebliche Entstehung der superschweren Teilchen** kurz nach der Entstehung des Universums ist völlig willkürlich und entbehrt jeglicher Überzeugungskraft und Logik.

11. **Wieso sind die Sterne bzw. Galaxien im Universum ungleichmäßig verteilt? (Wenn die Urknalltheorie richtig wäre, müßten die Sterne bzw. Galaxien gleichmäßig verteilt sein, was aber nachweislich nicht zutrifft).**

12. Soll diese Explosion so viele Kräfte erzeugt haben, daß heute mehrere Milliarden Jahre danach das Universum mit einer **heute noch beschleunigter Geschwindigkeit** expandiert, die in die Nähe der Lichtgeschwindigkeit angekommen ist und sich immer noch weiter beschleunigt, anstatt langsamer zu werden? Und dies trotz der von vornherein entgegengewirkten und noch entgegenwirkenden gewaltigen Gravitationskraft des ganzen Universums? Auch dies mag sehr faszinierend sein, erscheint jedoch ebenfalls **völlig unwahrscheinlich und unlogisch.**

13. Als eine Art Beweis bzw. Unterstützung für diese Vorstellungen wird ein Urknall durch eine gewaltige Explosion am Anfang des Universums unterstellt, mit der Folge, daß die Reste dieses Knalls heute noch in Form der sogenannten **kosmischen Hintergrundstrahlung** festzustellen wären. Es handelt sich dabei um eine Strahlung mit einer Wellenlänge von 3–30 cm, die der Strahlung eines Hohlraums bei einer Temperatur von ca. 3 K entspricht. Es erscheint **völlig unwahrscheinlich und unlogisch,** daß nach 12–15 Milliarden Jahren diese Strahlung immer noch nachweisbar sein soll. Im übrigen **stimmt nicht einmal die Frequenz dieser Strahlung mit den Berechnungen überein** und wurde nur durch eine schönheitschirurgische Notoperation künstlich hergestellt **(Näheres dazu siehe in meiner diesbezüglichen wissenschaftlichen Arbeit).**

14. Auch die Form und Ausdehnung der sogenannten kosmischen Hintergrundstrahlung als Resterscheinung dieses Urknalls spricht völlig gegen die Richtigkeit der Annahme, daß es sich hierbei um die Resterscheinung des Urknalls handeln würde **(Näheres dazu siehe in meiner diesbezüglichen wissenschaftlichen Arbeit).**

15.Die Urknalltheorie löst ferner das Problem der Quasare nicht.

16.Und nicht zuletzt die tatsächliche Dichteverteilung des Universums spricht eindeutig gegen die Urknalltheorie : Wenn die Urknalltheorie richtig wäre, müßte die Dichte des Universums mit der Zeit abnehmen , weil die anfänglich stark konzentrierte Materie sich im Laufe der Zeit immer mehr verteilen würde.

Wir wissen aber definitiv, dass die durchschnittliche Dichte des Universums überall gleich ist, auch bei Milliarden Jahre entfernten Regionen des Universums, so dass die Urknalltheorie auch deswegen ausgeschlossen ist.

Die Urknalltheorie ist somit nur ein Produkt der grenzenlosen Phantasie, hält einer kritischen und logischen Überprüfung nicht stand und ist nicht richtig.

Weder die Urknalltheorie noch die meisten anderen bisher bekannten Theorien sind also in der Lage, insbesondere die Frage zu beantworten, woher die gesamte Energie, die Masse und der Raum des Universums gekommen sind, wer sie geschaffen hat und was vorher gewesen ist.

Es sind ferner bisher alle Versuche gescheitert, auch durch das Hubble-Teleskop, die vielen Fragen in Zusammenhang mit den Quasaren zu beantworten, z. B. die enorme Helligkeit trotz geringer Größe und die enormen Rotverschiebungen, die bei der Anwendung des Doppler-Effekts auf Geschwindigkeiten weit über die Lichtgeschwindigkeit hindeuten.

Zusammengefaßt werfen die meisten bisher bekannten Theorien mehr Fragen auf, als sie beantworten können, und können trotzdem die meisten existierenden Fragen, die oben kurz angeschnitten worden sind, überhaupt nicht beantworten.

Wir werden in Kapitel 11 sehen, daß **all diese Fragen** sowie die oben am Anfang dieses Kapitels gestellten Fragen **durch meine DPNS-Theorie beantwortet werden können**, so daß es sich lohnt, dieses Buch weiterzulesen.

Kapitel 10

Religionen

Es ist natürlich nicht beabsichtigt, im Rahmen dieses Kapitels auf die einzelnen Religionen einzugehen, sondern ich möchte lediglich im Rahmen der Thematik dieses Buches auf einige grundsätzliche Dinge und einige Gemeinsamkeiten der Religionen hinweisen.

Es gibt bekanntlich viele Religionen in der Welt. **Alle haben jedoch eins gemeinsam, nämlich der Menschheit einen Halt zu geben.** Einen Halt braucht fast jeder Mensch und ohne Halt wäre die Menschheit verloren.

Die Menschheit braucht ferner einen Glauben und auch eine feste Überzeugung, daß eine Gerechtigkeit existiert, derart, daß böse Taten irgendwann bestraft und gute Taten belohnt werden.

Jedem von uns ist sicherlich schon aufgefallen, daß das **Schicksal** bereits während des Lebens dafür sorgt, daß eine Art Gerechtigkeit herrscht, wenn auch nicht immer. So z. B. wird ein Mensch, der etwa Böses getan hat, sehr bald nach der Tat so oder so seine Strafe finden, sei es durch Schicksalsschläge oder anderes. Beispielweise wird manchmal so ein Mensch mit seiner Tat nicht mehr fertig, bekommt Gewissensbisse und leidet sein ganzes Leben darunter, während Menschen, die Gutes tun, bald nach ihrer Tat reichlich belohnt werden.

Diese Sachen sind für uns zwar nicht ergründbar, existieren aber trotzdem und sind uns allen bekannt.

Alle Propheten haben ferner eins gemeinsam gehabt: Sie sind alle weit überdurchschnittlich starke Persönlichkeiten gewesen und somit in der Lage, einen enormen Einfluß auf andere Menschen auszuüben, auch einen heilenden Einfluß, drart daß sie sogar Krankheiten heilen konnten, z. B. durch Handauflegen usw.
Sie besaßen ferner alle eine äußerst **große Überzeugungskraft,** konnten Menschen sehr gut zusammenführen und dafür sorgen, daß Menschen zueinanderhalten.

Bekannt sind ferner ihre großen hellseherischen Eigenschaften, z. B. Prophezeiungen, die sich teilweise schon bewahrheitet haben, beispielsweise daß eines Tages die Welt näher zusammenrücken würde (hat sich bewahrheitet und ist realisiert worden, z. B. durch Auto, Eisenbahn, Flugzeug usw.), daß Stimmen von weit entfernten Leuten hörbar würden (z. B. Telefon und Radio) – und dies vor so vielen Jahren, also zu Zeiten, wo dies alles völlig unvorstellbar gewesen war und von keinem auch nicht einmal erahnt werden konnte.

Sie waren außerdem sehr gütig, hatten ein Herz für ihre Mitmenschen und außerdem einen sehr großen Gerechtigkeitssinn.

Sie haben alle so großartige Werke geschaffen und erreicht, daß nach so langer Zeit die Zahl ihrer Gläubiger nach wie vor enorm groß ist, trotz der riesigen Entwicklungen, Veränderungen und Umwandlungen der Menschen seit der Existenz dieser Religionen.

Auf diese Sachen mußte im Rahmen dieses Buches vollständigkeitshalber kurz eingegangen werden. Eine weitere Würdigung der aufgeworfenen Problematik bleibt jedoch jedem selbst überlassen.

Kapitel 11

Das Geheimnis der Entstehung des Universums

Meine DPNS-Theorie

(Dynamische phasenverschobene Nullsummen-
bzw. Nullspaltungs-Theorie)

Eine riesengroße dreidimensionale Welle, die mal größer wird und gegen unendlich neigt und mal kleiner wird und gegen Null neigt, der Raum wird mal größer und mal kleiner, die Zeit bleibt stehen und geht in umgekehrter Richtung, und dazwischen liegen Milliarden von Jahren!!!!

Die Frage nach der Entstehung des Universums bzw. nach der Schöpfung dürfte fast genauso alt sein, wie die ganze Menschheit selbst.

Obwohl während der vielen tausend zurückliegenden Jahre immer wieder danach gefragt, jegliche Anstrengung zu deren Beantwortung unternommen und auch jegliches Hilfsmittel herangezogen wurde, war es bis jetzt nicht gelungen, eine plausible Erklärung dafür zu finden und die Schöpfungsfrage überzeugend zu beantworten und zu erklären.

Durch meine DPNS-Theorie wird jedoch diese Frage umfassend sowie überzeugend beantwortet.

Jede Frage nach einem Schöpfer des Universums muß zwangsläufig ad absurdum führen, da sofort automatisch die weitere Frage aufgeworfen und beantwortet werden muß, wer den Schöpfer erschaffen hat.

Wir können z. B. fragen, wer die vielen Galaxien und Sterne geschaffen hat, die wir am Himmel sehen, und wer sie in Bewegung gesetzt hat. Wenn wir unterstellen, daß ein Schöpfer dies alles geschaffen hat, so fragt man sich sofort: Wer hat den Schöpfer geschaffen? Wir sehen, daß diese Frage *ad absurdum führt.*

Wir wissen z. B., daß unsere Erde und die anderen Planeten unseres Sonnensystems die Sonne umkreisen. Die Frage, weshalb sie die Sonne umkreisen und weshalb sie auf den jeweiligen Bahnen festgehalten werden, können wir noch beantworten (durch die Gravitations- und Zentrifugalkräfte), aber wenn wir weiter fragen, wer sie in Bewegung gesetzt und wer sie überhaupt geschaffen hat, wird es schon schwieriger. Wenn wir unterstellen, daß der Schöpfer sie geschaffen und in Bewegung gesetzt hat, so fragt man sich sofort, wer den Schöpfer geschaffen hat. Diese Frage konnte bisher nicht beantwortet werden und *würde ebenfalls ad absurdum führen.*

Wir können ein anderes Beispiel nehmen. Aus einem Samen entsteht eine Pflanze, und zwar immer eine bestimmte Pflanze, z. B. aus dem Samen bzw. Kern eines Apfelbaums entsteht immer ein neuer Apfelbaum und keineswegs ein Pflaumenbaum, und aus dem Samen bzw. Kern einer Apfelsine ein neuer Apfelsinenbaum.

Warum?

Weil die betreffende Information in dem jeweiligen Samen gespeichert ist.

Wo ist diese Information gespeichert bzw. wer hat sie gespeichert?

Die Information bzw. der Bauplan ist in den jeweiligen Chromosomen gespeichert. Wo ist diese Information innerhalb der Chromosomen gespeichert? Und von wem? Nun, wir wissen, daß diese Informationen in den Genen gespeichert sind. Wir wissen ferner, daß die Gene aus Nukleinsäure (DNA) bestehen. Die Informationen sind also in den DNA-Molekülen gespeichert.

Wo sind diese Informationen in den DNA-Molekülen gespeichert, und wer hat sie gespeichert?

Diese Antwort wird jetzt schon erheblich schwieriger. Wenn wir die Moleküle der DNA trennen würden, so würden schließlich viele Atome entstehen (Kohlenstoff-, Wasserstoff-, Stickstoff-, Sauerstoff- und Phosphor-Atome). Gleichzeitig wird jedoch die gespeicherte Information verlorengehen. Die jeweilige Anordnung der Atome und Moleküle war also für die Information verantwortlich.

Die nächste Frage lautet: Wer hat diese Atome und Moleküle so zusammengefügt, daß die jeweilige Information entstanden ist?

Dieses Frage- und Antwortspiel könnten wir noch weiter fortsetzen; wenn wir unterstellen, daß ein Schöpfer dies getan hat, fragt sich sofort, wer den Schöpfer geschaffen hat. Auch dies konnte bisher nicht beantwortet werden und wie wir sehen *führt ad absurdum*.

Wir könnten dieses Fragespiel auch am Beispiel Mensch wiederholen und schließlich fragen, wer die Menschen geschaffen hat. Und wenn wir sagen, dies hat ein Schöpfer getan, dann fragt sich sofort jeder, wer hat den Schöpfer geschaffen? Wir sehen, daß *auch diese Frage ad absurdum führt.*

Sämtliche bisher bekannt gewordenen Theorien haben diese weitere Frage offengelassen und dafür keine überzeugende Antwort gefunden.
Meine DPNS-Theorie läßt jedoch keine Fragen offen.

Wenn wir über die Schöpfung und über das Universum nachdenken und deren Wesen analysieren wollen, so ist naheliegend, sich *zunächst* **mit der Gegenwart und nahen Vergangenheit sowie mit den verschiedenen Bestandteilen und Erscheinungen der Schöpfung zu beschäftigen.**

Wenn wir uns unsere Welt von heute und der vergangenen zwei- bis dreitausend Jahre ansehen, werden wir feststellen, daß **alles <u>veränderlich</u> ist** und daß **es nichts Konstantes gibt.** Es wird laufend Tag und Nacht, Sommer und Winter, warm und kalt usw. Menschen werden geboren, werden älter und älter und sterben eines Tages. Genau so ist es mit den Tieren. Es entstehen immer wieder neue Pflanzen und Bäume, die größer werden, und schließlich gehen auch sie wieder zugrunde.

Selbst ein und derselbe Mensch ändert sich im Laufe seines Lebens. So wundern wir uns manchmal über unsere Handlungen in der Vergangenheit und können manchmal nicht mehr verstehen, daß wir so oder so reagiert haben. Beim Älterwerden werden z. B. die Eigenschaften eines Menschen krasser.

Wenn wir uns mit der Geschichte beschäftigen, werden wir ebenfalls feststellen, daß sich alles laufend geändert hat. Es sind starke Dynastien entstanden und wieder verschwunden. Es sind Zivilisationen Städte und Länder entstanden und wieder untergegangen. Es sind Häuser, Straßen und ganze Städte entstanden und durch Erdbeben zerstört worden. Vulkane haben sogar ganze Städte zerstört (wie z. B. die Stadt Pompeji durch den Vesuv im Jahre 79 n. Ch.).

Wir wissen z. B. auch, daß unsere Erde vor ca. 4,6 Milliarden Jahren, als sie gerade entstanden war, keineswegs genauso aussah wie heute. Die Oberfläche der Erde wurde beherrscht von Vulkanen, die Feuer, Lava, Asche und giftige Gase ausspuckten; es war noch kein Wasser vorhanden und mußte durch die Vulkane erst entstehen. Die Atmosphäre, die langsam entstand, enthielt noch keinen Sauerstoff. Es waren selbstverständlich noch keine Lebewesen vorhanden.

Wenn wir etwas Konstantes suchen und meinen sollten, daß die Dauer der Erdrotation um die eigene Achse konstant ist, so liegen wir falsch, da sie sich um Bruchteile von Sekunden laufend ändert; die Erdrotation ist sogar im Laufe der Zeit langsamer geworden mit der Folge, daß die Länge der Tage und Nächte, die früher größer war als 24 Stunden, kleiner geworden ist. Wenn wir meinen sollten, daß die mittlere Entfernung der Erde von der Sonne immer gleich geblieben ist, so ist dies ebenfalls falsch, da sich die Erde im Laufe der Zeit von der Sonne entfernt hat.
Es sind sogar Sterne durch Supernova-Explosionen vom Himmel verschwunden (bis auf kleine Reste, genannt Neutronensterne), wie z. B. in der Region des Krebsnebels. Wir wissen, daß auch heute laufend neue Sterne im Universum entstehen.

Wenn wir unsere Beobachtung fortsetzen und weiter nachdenken, so werden wir feststellen, daß **sich alles in <u>Bewegung</u> befindet**: z. B. rotieren die Planeten um die eigenen Achsen, sie umkreisen außerdem die Sonne. Auch unsere Sonne und die anderen Sterne rotieren um die eigenen Achsen, Galaxien ebenfalls. Wir wissen ferner aus der Rotverschiebung, daß sich das gesamte Universum in einer gewaltigen Expansion befindet.

Wir werden ferner bei unserer Beobachtung der Natur feststellen, daß in der Natur fast alles **<u>zyklisch</u> ist d.h. immer wieder zurückkehrt** : Es wird z.B. immer wieder Tag und Nacht, Sommer und Winter usw. Der bekannte Philosoph **Friedrich Nietzsche** spricht in seinem bekannten Werk "Also sprach Zarathustra "sehr zutreffend von der ewigen Wiederkunft des Gleichen.

Wir halten also fest: **Alles befindet sich in laufender Veränderung, alles ist sehr flüchtig und nicht auf Dauer angelegt**, nichts ist konstant, **alle Himmelskörper befinden sich in laufender Bewegung.**

Anders ausgedrückt: **Im Universum scheint die Veränderlichkeit, Flüchtigkeit , Bewegung und ständige Wiederkehr vorherrschend zu sein, so daß diese Faktoren zu den wesentlichsten Eigenschaften des Universums gehören.**

Für die nächsten Überlegungen müssen wir etwas ins Gebiet der Mathematik und Physik eindringen.

Die Addition von einem Plus- und einem Minus-Wert ergibt bekanntlich mathematisch und auch logisch

immer eine 0, wenn beide Werte gleich sind. Zum Beispiel +1 und –1 ergeben zusammen 0. Umgekehrt kann man sich eine 0 aus z. B +5 und –5 vorstellen. **Man kann es auch so ausdrücken, daß sich eine 0 spalten läßt** in z. B. eine +5 und –5. Das Ergebnis ist und bleibt immer 0. Man kann also schreiben: +1 – 1 = 0 bzw. 0 = +5 – 5. Eine 0 kann wachsen und schrumpfen bzw. größer und kleiner werden. Zum Beispiel in einem Koordinatensystem auf der X-Achse nach rechts und links wandern bzw. pendeln oder schwingen. Das Ergebnis bleibt immer eine 0, vorausgesetzt, daß diese Bewegung doppelseitig ist, daß heißt nach links und nach rechts ,und die Plus- Minus-Werte gleich sind:

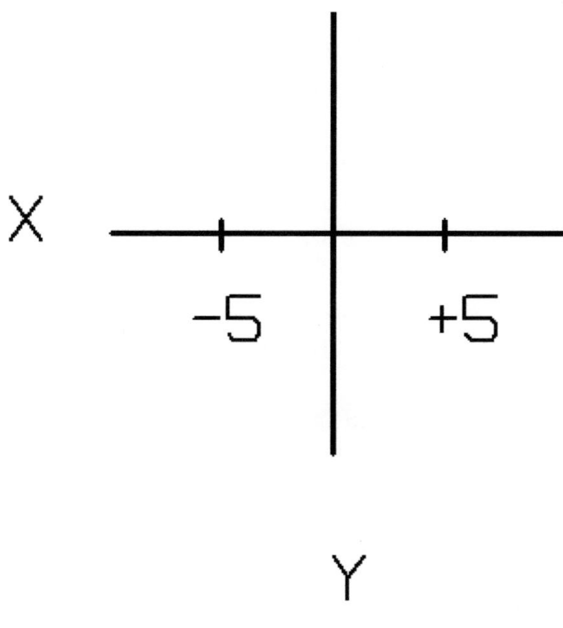

Physikalisch wird ein stehendes und ein bewegtes System als gleichwertig angesehen (Das ist aber meines Erachtens nicht ganz richtig ,s. meine Bücher „ Große Irrtümer der Astronomie und Physik" und „ Physik und Astronomie in der Sackgasse").   Wenn man z. B. in einem stehenden Zug sitzt und auf dem Gleis nebenan ein Zug fährt, sieht es beim festen Fixieren des fahrenden Zuges auf einmal so aus, als ob der fahrende Zug plötzlich stehen und man sich selbst schnell bewegen würde. Beide Systeme sind also physikalisch gleichwertig. Wenn feste Bezugspunkte fehlten, wäre erst gar nicht feststellbar, welches System sich bewegen würde.

Systeme können ferner untereinander **phasenverschoben** sein. Es handelt sich dabei um ein reines zeitliches Problem, jedoch völlig belanglos für Ausmaß und Größe der Bewegung. Ebenso belanglos in diesem Zusammenhang wäre die Frage der Gleichzeitigkeit.

Das Universum besteht aus einem kugelförmigen pulsierenden System, d. h. es expandiert und kontrahiert sich wieder, wird mal größer und mal kleiner und befindet sich deswegen praktisch entweder in einer Expansions- oder in einer Kontraktionsphase.

Wir befinden uns z. B. zur Zeit in einer Expansionsphase des Universums. Jede dieser Phasen dauert Milliarden von Jahren. Am Ende jeder dieser Phasen, d. h. jeweils am Ende einer Expansions- bzw. Kontraktionsphase, entsteht ein kurzer Stillstand mit Bewegungsumkehr. Aus einer Expansion wird dabei eine Kontraktion und umgekehrt.

Man kann sich das Universum auch vorstellen als ein **dreidimensionales Pendel**.

Ein Pendel hat jeweils **2 Umkehrpunkte** und führt **dazwischen jeweils Beschleunigungen und Abbremsungen** durch.

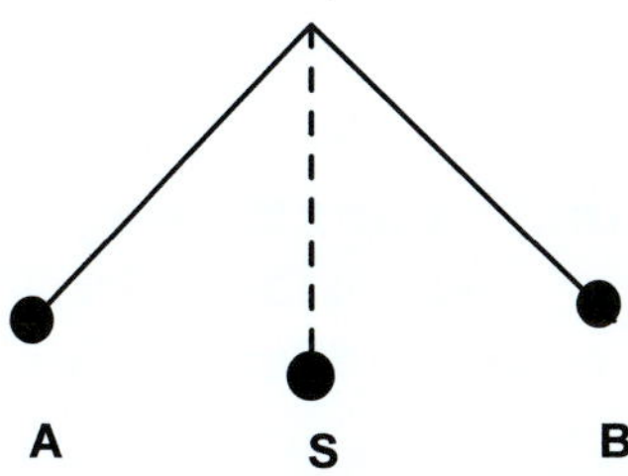

Beim Punkt A hat z. B. das Pendel die Geschwindigkeit 0 und fängt an, sich gerade nach rechts, also in Plus-Richtung, zu bewegen. Das Pendel bewegt sich dabei immer schneller, weil es sich um eine beschleunigte Bewegung handelt, und erreicht beim Punkt S die Höchstgeschwindigkeit. Danach wird die Geschwindigkeit immer langsamer, weil es sich nunmehr um eine abgebremste Bewegung handelt, also um eine Bewegung mit negativer Beschleunigung, und schließlich bleibt das Pendel beim Punkt B kurz bei Geschwindigkeit 0 stehen.

Danach kommt das Pendel wieder zurück, d. h. bewegt sich nunmehr in Minus-Richtung (nach links). Es handelt sich wieder um eine beschleunigte Bewegung, wobei die

Geschwindigkeit beim Punkt S wieder am größten ist. Hinter Punkt S wird die Geschwindigkeit wieder laufend kleiner, weil es sich dabei nunmehr um eine abgebremste Bewegung handelt, um schließlich beim Punkt A kurz stehen zu bleiben.

Der Vorgang wiederholt sich immer wieder. Die kinetische **Energie** des Pendels ändert sich also laufend, bei den Punkten A und B ist sie gleich 0, und bei Punkt S ist sie am größten.

Genauso ist es mit dem Universum. Am Anfang der Expansions- bzw. am Ende der Kontraktionsphase ist das Universum **nicht einmal punktförmig** und hat **einen 0-Wert** . Am Ende der Expansions- bzw. am Anfang der Kontraktionsphase ist es **unendlich** groß.

Das Universum besteht also aus einem kugelförmigen pulsierenden System, das mal größer wird und schließlich gegen das Unendliche neigt bzw. unendlich groß wird und mal kleiner wird und schließlich gegen 0 neigt bzw. einen 0-Wert annimmt, wobei zwischen diesen beiden Zuständen viele Milliarden von Jahren liegen. Es handelt sich um riesige Schwingungen zwischen nichts (0) und alles (unendlich).

Am Anfang der Expansionsphase steht die Zeit bei 0 und fängt an zu laufen. Es entsteht laufend Raum, d. h., der Raum wird immer größer, und es entsteht laufend Energie, wobei aus der Energie zunächst laufend Materie entsteht. Am Ende der Expansionsphase bzw. am Anfang der Kontraktionsphase fängt die Zeit, nach kurzem Stillstand, wieder an zu laufen, jedoch in umgekehrter Richtung; der Raum wird dann immer kleiner, und auch die Energie wird immer geringer,

wobei aus der Energie zunächst laufend Antimaterie entsteht.
Wir wissen aus der Physik, daß Energie und Masse äquivalent sind, d. h., daß sie gleichwertig sind. Sie können sich ferner ineinander umwandeln.

Ob sich im Universum die Energie in Materie umwandelt oder die Materie in Energie wird **u. a.** dadurch entschieden, ob es sich um eine *beschleunigte Bewegung* oder um eine *Abbremsung* handelt.
Bei einer *beschleunigten* Bewegung im Universum besteht vorwiegend die Neigung, daß Energie sich in Materie umwandelt, da die Beschleunigung zur Kompression führt (wir alle haben diese Kompression öfter am eigenen Körper erlebt: Wenn wir in einem Auto sitzen und das Auto beschleunigt, werden wir auf die Sitzlehne gedrückt, also komprimiert).
Bei einer *Abbremsung* besteht umgekehrt vorwiegend die Neigung, daß sich Materie in Energie umwandelt, da es sich um eine Dekontraktion bzw. Dilatation handelt (auch diese Dekontraktion haben wir beim Autofahren erlebt: Bei einer Abbremsung fliegen wir nach vorne).

Das Signal zur Umwandlung der Energie in Materie und Materie in Energie wird also u. a. im Universum selbst gegeben, nämlich durch <u>Beschleunigung</u> und <u>Abbremsung</u>. Vom Punkt 0 bis zu den Quasaren (Beschleunigungsphase) entsteht aus Energie laufend Materie (Sterne), und von den Quasaren bis zum Ende des Universums (Abbremsungsphase) entsteht aus Materie laufend Energie.

Ähnlich ist es, ob aus Energie Materie oder Antimaterie entstehen soll.

Das Signal besteht hier aus der <u>Bewegungsrichtung</u>: Bei der Expansionsphase des Universums entsteht aus Energie Materie, und bei der Kontraktionsphase des Universums entsteht aus Energie Antimaterie.

Auch für diese Phänomene gibt es auf unserer Erde ähnliche Beispiele in der Natur: Es ist z. B. bekannt, daß die Entscheidung, ob aus einer normalen Biene eine Königin wird, dadurch gefällt wird, *wie* die betreffende Biene ernährt wird. Nur die *Art* der Nahrung bestimmt also bei den Bienen, ob aus denen eine normale Biene oder eine Königin wird. So einfach ist es manchmal in der Natur!

Das Pendel schwingt also mal nach der einen (Plusseite = Expansionsphase) und mal nach der anderen Seite (Minusseite = Kontraktionsphase). Das Universum wird dabei mal größer und mal kleiner. Es entsteht bei der einen Phase laufend Raum und Energie, um bei der anderen Phase wieder kleiner zu werden bzw. langsam zu verschwinden. Die Zeit läuft dabei während der einen Phase in einer Richtung und während der anderen Phase in die umgekehrte Richtung.

Die Summe bleibt dabei insgesamt gleich 0, wobei die Phasen gegeneinander verschoben sind. Die Summe der Materie und Antimaterie ist 0. Die Summe der +Energie und - Energie ist ebenfalls 0. +Raum und -Raum ergibt einen Wert 0 und auch die Zeitänderungen kompensieren sich gegenseitig, da in + und -Richtung. Auch die +Bewegung in der einen Richtung und -Bewegung in anderer Richtung ergibt die Zahl 0. Genauso wie beim Pendel ändert sich dabei laufend auch die kinetische Energie, die bei der Beschleunigung ständig größer und bei der Abbremsung ständig kleiner wird, und zwar sowohl während der Expansions- als auch während der Kontraktionsphase.

Bei dem Universum handelt es sich sozusagen um ein Selbstversorgungssystem das immer weiter schwingen wird: **ein dynamisches phasenverschobenes Nullsummen-System**, das Pulsationen um 0 (mal plus und mal minus) durchführt.

Aufgrund der genauen Beobachtungen der Natur muß angenommen werden, daß diese Pulsationen bzw. Schwingungen, die z. Zeit jeweils Milliarden Jahre dauern , am Anfang sehr klein begonnen haben und im Laufe der Milliarden von Jahren langsam größer geworden sind, bis sie die heutigen Dimensionen erreicht haben.

Im übrigen sind ähnliche Bewegungen mit ständigem Richtungswechsel und Wiederholungen im Universum sehr häufig anzutreffen und stellen sogar die Regel dar. Es handelt sich z. B. um Rotationen der Planeten um die Sonne und Rotationen anderer Himmelskörper um Zentralgestirne:

Ein Planet p rotiert z. B. um die Sonne S und bewegt sich von Punkt A nach Punkt B, ändert quasi langsam seine Bewegungsrichtung und kehrt von Punkt B wieder nach Punkt A zurück. Für einen sehr fernen Beobachter würde die Bewegung des Planeten erst gar nicht wie eine Rotation aussehen, sondern wie eine lineare Bewegung von links nach rechts und von rechts wieder zurück nach links.

Vorausgesetzt, daß die Sonne in der Mitte zwischen den Punkten A und B stehen würde, würde diese Bewegung genauso aussehen wie eine Pendelbewegung, d. h. kurzer Stillstand im Punkt A (weil die Bewegungsrichtung dann entlang der Beobachtungsrichtung), Beschleunigung in Richtung Punkt B bis zur Mitte (bedingt durch die Gravitation der Sonne), dann langsame Abbremsung (wegen abnehmender Gravitation durch Entfernung von der Sonne) bis zum Punkt B, dann wieder kurzer Stillstand (weil die Bewegungsrichtung dann wieder entlang der Beobachtungsrichtung), dann wieder Richtungswechsel und beschleunigte Bewegung von rechts nach links

(Beschleunigung wegen zunehmender Anziehungskraft der Sonne aufgrund zunehmender Verkleinerung des Abstands). Ab Mitte dann wieder Abbremsung und Stillstand im Punkt A.

Es handelt sich auch hier um eine sich immer wiederholende Bewegung, die anscheinend ohne Grund sich völlig selbständig entwickelt hat und sich ständig wiederholt, wobei das Ergebnis wieder gleich 0 ist, da rechnerisch die Plus-Bewegung (von A nach B) und die Minus-Bewegung (von B nach A) sich zu 0 addieren.

Es muß noch die sich ergebende Frage beantwortet werden, weshalb sich in einem Planetensystem das Zentralgestirn äußerst selten und nur ausnahmsweise genau in der Mitte befindet. Der Grund für seine exzentrische Lage liegt einfach darin, daß nach den **Wahrscheinlichkeitsgesetzen** die Mitte nur ein Ausnahmefall ist und andere Abstände die Regel sind. Wenn sich das Zentralgestirn genau in der Mitte befindet, entsprechen die Planetenbahnen Kreise, und wenn es sich nicht genau in der Mitte befindet, sondern exzentrisch liegt, entstehen ovale Planetenbahnen. Ein Kreis stellt also ebenfalls eine seltenere Ausnahmeform dar, der normalfall ist ein Oval.

Pendelbewegungen sind im übrigen im Universum äußerst häufig und sogar die Regel. Ich unterscheide *3 Arten* von **Pendelbewegungen**: die ein-, die zwei- und die dreidimensionale Pendelbewegung.

Bei der Expansion und Kontraktion des Universums handelt es sich, wie oben dargestellt, um eine drei-dimensionale Pendelbewegung.

Phasenverschiebungen sind im übrigen **im Universum ebenfalls eine äußerst häufige Erscheinung.**
Betrachten wir doch z. B. die Bewegungen eines Planeten B um eine Sonne A:

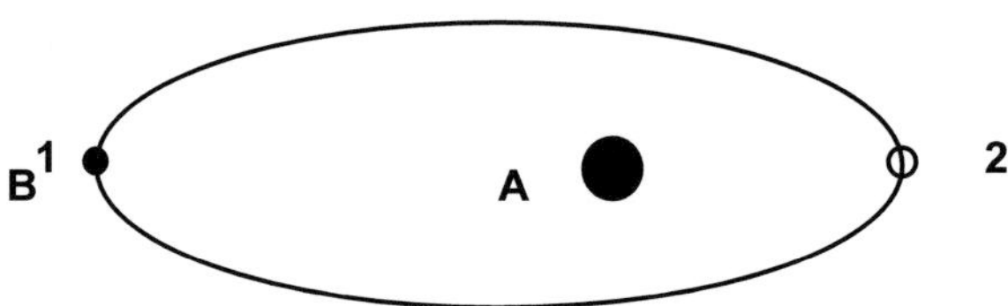

Der Planet bewegt sich von Punkt 1 in Richtung Punkt 2, dann kehrt sich die Richtung langsam um, und der Planet bewegt sich von Punkt 2 wieder in Richtung Punkt 1, kehrt also wieder zurück. Die Bewegung in einer Richtung kann auch als eine Bewegung von + nach – und in anderer Richtung von – nach + bezeichnet werden. Die Bewegung in die eine Richtung wird also wieder von der Bewegung in die andere Richtung kompensiert. Beide Bewegungen gehen jedoch, wie wir gesehen haben, nicht simultan vonstatten, sondern mit einer Phasenverschiebung. Diese Phasenverschiebungen können äußerst lang sein und mehrere Jahre dauern, z. B. bei der Erde ein Jahr, beim Planeten Jupiter 11,869 und bei Pluto sogar 251,86 Jahre.

Unsere Sonne dreht sich zusammen mit unserer Galaxie sogar erst in ca. 210 Millionen Jahren (!) einmal um das Zentrum der Galaxie.

Solche Phasenverschiebungen können also Sekunden, Stunden, wenige Jahre oder sogar Milliarden von Jahren betragen. Es ist physikalisch und auch logisch gesehen völlig belanglos und gleichwertig, wie lange so eine Phasenverschiebung dauert, es handelt sich immer um laufend wiederkehrende Bewegungen, die sich immer wieder kompensieren. Die Addition bzw. die Summe ergibt immer wieder die Zahl 0, da die Bewegung und der Impuls in der einen Richtung die Bewegung bzw. den Impuls in der anderen Richtung wieder kompensiert.

Gleichzeitigkeit und Phasenverschiebung sind sehr relativ (vergl. meine Relativitätstheorie). Sie sind praktisch und im Bezug auf das Ergebnis als **gleichwertig** anzusehen. Es ändert sich auch nichts an dieser Tatsache, selbst wenn Milliarden von Jahren dazwischenliegen. Folgende Beispiele machen dies anschaulich:

1. Wir haben folgende mathematische Gleichung:

$$100 \cdot a = 100 \cdot b$$

Bekanntlich ist es prinzipiell völlig gleichgültig, ob wir die Zahl 100 auf der linken und auf der rechten Seite streichen. Es ändert sich dadurch im Prinzip nichts an der Gültigkeit der Gleichung.

Wir würden dann haben:

$$a = b$$

Es ist dabei völlig gleichgültig, ob wir beide Zahlen mit zwei Bleistiften **gleichzeitig** streichen (= **ohne Phasenverschiebung**) oder zuerst die Zahl 100 auf der linken und dann auf der rechten Seite, das bedeutet **mit Phasenverschiebung. Es würde sich auch nichts daran ändern, welche Zeit dazwischenliegt, ob Sekunden, Minuten oder Jahre. Das Endergebnis wäre das gleiche.**

2. Wir können elektrische Energie durch einen Akku speichern und die Energie später verbrauchen. Es ändert sich nichts daran, ob die elektrische Energie **sofort** von der Steckdose verbraucht wird oder ob die Energie zunächst in einem Akku gespeichert und erst **später** verbraucht wird. Es ändert sich auch nichts daran, ob die gespeicherte Energie **auf einmal** ganz verbraucht wird oder **in Etappen**. Es ändert sich auch nichts daran, welche Zeit zwischen Speicherung und Verbrauch liegt. Zwischen dem Direktverbrauch der Energie aus der Steckdose und dem Verbrauch aus dem Akku bzw. dem Auf- und Entladen des Akkus (durch Verbrauch) liegt eine Phasenverschiebung vor. **Die Summe von Auf- und Entladen ist gleich 0** (natürlich abgesehen vom Energieverlust durch das Auf- und Entladen), obwohl hier eine Phasenverschiebung vorliegt. Es ist also physikalisch gesehen völlig gleichwertig, ob sofort nach dem Aufladen entladen wird oder später, wobei es ebenfalls völlig gleichgültig ist, ob Stunden, Tage oder Monate dazwischenliegen.

3. Wenn jemand einen Kredit in Anspruch nimmt, damit arbeitet, etwas schafft und dann das Geld wieder zurückgibt, liegt zwischen Inanspruchnahme und Rückgabe des Kredits eine Phasenverschiebung vor. Die Summe des Nehmens des Kredits und der Rückgabe ist mathematisch gesehen gleich 0. (Der Kreditnehmer ist nach der Rückführung des

Kredits schuldenfrei, genauso wie vor der Inanspruchnahme des Kredits.) Zwischen dem Nehmen und der Rückgabe des Kredits liegt eine Phasenverschiebung vor. Es ist auch hierbei ganz gleichgültig, wieviel Zeit dazwischenliegt.

Es ist also völlig gleichgültig, ob gleichzeitig oder mit Phasenverschiebung.   Anders   ausgedrückt: **Gleichzeitigkeit und Phasenverschiebung (auch wenn Milliarden Jahre dazwischenliegen) sind also gleichwertig.**

Wie haben oben gesehen, daß auch Stillstand und Bewegung gleichwertig sind.

Zur besseren Veranschaulichung dieser Theorie wollen wir nun eine Reise durch eine Expansions- und eine Kontraktionsphase des Universums durchführen, wobei diese Reise Milliarden von Jahren in Anspruch nehmen würde und deswegen praktisch für uns nicht durchführbar wäre.
Wir fangen beim Beginn der Expansionsphase des Universums also bei 0 an. Der Raum ist äußerst klein und nicht einmal punktförmig, , es ist so gut wie keine Energie vorhanden, die Zeit steht still und fängt erst an zu laufen, es ist noch keine Materie vorhanden. Die Zeit fängt an zu laufen und der Raum wird langsam größer. Es entsteht zunehmend Energie, die sich nach einer gewissen Zeit langsam und zunehmend in Materie umwandelt, wobei zuerst die Elementarteilchen entstehen. Die ersten Atome, die entstehen, sind Wasserstoffatome. Aus der Konzentration der Wasserstoffatome entstehen die ersten Sterne und Galaxien. Durch weitere Konzentration und Druckerhöhung im Inneren der Sterne werden die Fusionsvorgänge in Gang gesetzt. Aus Wasserstoffatomen werden im Laufe der

darauffolgenden Milliarden Jahre die schwereren Atome. Es entstehen dann hier und da Planeten wie unsere Erde und darauf langsam die ersten Lebewesen. Dann entwickeln sich im Laufe der Evolution die ersten Menschen.

Die Reise geht weiter. Es entstehen immer weitere Galaxien und Galaxiehaufen. Die Geschwindigkeit wächst immer weiter an. Schließlich entstehen Quasare. An dieser Stelle wird die Höchstgeschwindigkeit erreicht , sodaß die Geschwindigkeit nicht mehr wachsen kann . Diese Stelle ist gleichzeitig der Gipfel und der Ort der höchsten Geschwindigkeit. Von nun an wird die Geschwindigkeit abgebremst und laufend geringer, immer mehr Materie wandelt sich nunmehr in Energie um, so daß langsam alles nur noch als Energie besteht .

Schließlich nach einem kurzen Stillstand fängt die Rückkehr an, d. h., die Expansion geht zu Ende und die Kontraktion des Universums fängt an. Aus der Energie wird nunmehr langsam Antimaterie, es entstehen wieder Sterne und Galaxien, die sich zu Galaxiehaufen zusammenfügen. Es entstehen dann auch wieder Planeten und Lebewesen, die allerdings alle aus Antimaterie bestehen.
Die Geschwindigkeit wächst dabei ständig, bis wieder die Höchstgeschwindigkeit erreicht ist.
Diese Stelle ist gleichzeitig wieder der Gipfel und der Ort der höchsten Geschwindigkeit. Von dieser Stelle an wird die Geschwindigkeit wieder abgebremst und laufend geringer, immer mehr Antimaterie wandelt sich nunmehr in Energie um, so daß langsam alles wieder aus Energie besteht ,die Energiemenge und der Raum werden immer kleiner bis das ganze Universum nicht einmal punktförmig ist und einen 0-Wert annimmt

Nach einem kurzen Stillstand fängt dann wieder eine neue Expansionsphase an. Das Ganze wiederholt sich immer wieder bis in alle Ewigkeit.

Das Ergebnis bleibt immer 0: +Bewegung – Bewegung = 0 (+Bewegung = Bewegung in der Expansionsphase, –Bewegung = Bewegung in der Kontraktionsphase). +Energie – Energie = 0 (+Energie = Energie während der Expansionsphase, –Energie = Energie während der Kontraktionsphase). +Zeit – Zeit = 0 (+Zeit = Zeit während der Expansionsphase, –Zeit = Zeit während der Kontraktionsphase). +Materie (= Materie) – Materie (= Antimaterie) = 0.

Es handelt sich um Spaltungen von 0 in ein + und ein – mit jeweils gleichen Werten, um Schwingungen um 0, und um Phasenverschiebungen. Es ist somit ein schwingendes 0-System.

Das ganze Universum ist aus 0 bzw. dem 0-Zustand hervorgegangen.
Es handelt sich um eine schwingende 0, die mal größer wird und beachtliche Werte im Plusbereich annimmt, und mal kleiner wird und beachtliche Werte im Minusbereich annimmt, die sich immer wieder im Ergebnis kompensieren und einen 0-Wert ergeben.

Deswegen auch die große Veränderlichkeit, Vergänglichkeit, Flüchtigkeit und Dynamik, die wir überall im Universum beobachten.

Diese Beobachtungen bestätigen ferner diese Theorie.

Wir müssen im übrigen unsere Begriffe und Vorstellungen von *nichts* und von *alles* total revidieren und uns davon lösen, nichts als nichts anzusehen und ein etwas als etwas. Wir müssen uns ferner klar machen, daß das Gegenteil von nichts alles ist und nicht etwa etwas.
Nichts und alles sind seltene extreme Sonderzustände, es sind Ausnahmezustände mit äußerst geringer Wahrscheinlichkeit (1 zu mehreren Trillionen). **Normal und erheblich wahrscheinlicher sind vielmehr die Etwas-Zustände, die dazwischenliegen:**

Nichts ⟶ Etwas ⟶ Alles

Deswegen sind die „Nichts-Zustände" und die „Alles-Zustände" äußerst selten anzutreffen, während die „Etwas-Zustände" häufig anzutreffen sind.

Diese Theorie wird besser verständlich, wenn wir uns die Verhältnisse anhand des Beispiels eines Kredits klarmachen:
Eine Person A gibt ihrem Freund, der Person B, einen zinslosen Kredit. Person B gründet damit eine Firma und verdient Geld. Nach einer gewissen Zeit gibt sie der Person A das von ihr geliehene Geld wieder zurück und ist somit wieder schuldenfrei. Sie hat jedoch Geld verdient und hat somit Geld, obwohl sie keinen Kredit mehr hat. **Aus einem sogenannten Nichts ist somit etwas entstanden.**

Ähnlich ist es mit einem *zinslosen Überziehungskredit*. Die in Anspruch genommene Überziehung wird immer wieder zurückgeführt. Mit der Überziehung wird aber gearbeitet und Geld verdient. Es entsteht somit Geld, ohne daß ein Kredit mehr besteht.

Im Universum funktioniert die Sache insofern noch perfekter, als daß Kreditgeber und Kreditnehmer sich abwechseln. Zuerst gewährt der Kreditgeber A dem Kreditnehmer B einen Überziehungskredit. Damit fängt der Kreditnehmer B an zu arbeiten und bezahlt langsam den Kredit wieder zurück. Danach gibt der frühere Kreditnehmer B nunmehr dem vormaligen Kreditgeber A einen Überziehungskredit, womit nunmehr der frühere Kreditgeber A anfängt zu arbeiten, um dann seinerseits langsam den Kredit zurückzuführen. So werden die Rollen wieder getauscht.

Im Universum geschieht jedoch darüber hinaus noch etwas. Der vormalige Kreditgeber A löscht mit seiner Arbeit die frühere Arbeit des vormaligen Kreditnehmers B aus, so daß im Endergebnis nichts mehr übrigbleibt. Das Gesamtergebnis bleibt deswegen 0. Keiner hat im Ergebnis etwas gegeben und keiner im Ergebnis etwas genommen. Es ist nur etwas geschehen und wieder gelöscht worden.

A gibt **B** Überziehungskredit	**B** arbeitet damit und gibt dann **A** den Kredit zurück.
B gibt **A** Überziehungskredit	**A** arbeitet damit und gibt dann **B** den Kredit zurück.

Die Arbeit von A ist so, daß damit die Arbeit von B wieder gelöscht wird, sie ist also der Arbeit von B entgegengerichtet. Die Summe der Arbeiten von A und B ist gleich 0: +0 − 0 = 0. Der zinslose Kredit ist wieder zurückbezahlt worden. Es handelt sich somit um ein **phasenverschobenes Null-Ergebnis.**
Die Summe der bewegten Gelder ist ebenfalls gleich 0, da die Gelder in zwei entgegengesetzte Richtungen bewegt worden sind.

Zwischen den Extrem- bzw. Sonderzuständen *nichts* und *alles* (beides keine Wirklichkeit) ist etwas geschehen, das jedoch im Endergebnis gleich 0 ist.

Während der Expansionsphase des Universums entsteht laufend Energie. Während der Kontraktionsphase ist es umgekehrt, es verschwindet laufend Energie. Das Gesamtergebnis ist dabei unter dem Strich immer gleich 0.

Während der Expansionsphase des Universums entsteht aus Energie Materie (+), die sich im Laufe der weiteren Expansion wieder in Energie umwandelt, also vernichtet wird. Das Ergebnis ist also gleich 0. Während der Kontraktionsphase des Universums entsteht aus Energie Antimaterie (−), die sich im Laufe der weiteren Kontraktion ebenfalls wieder in Energie umwandelt, also wieder vernichtet wird. Das Ergebnis ist gleich 0. Es muß betont werden, daß auch das Gesamtergebnis der Expansion und Kontraktion gleich 0 ist, da **das Ergebnis der Materie (+) und Antimaterie (−) ebenfalls gleich 0 ist.**

Genauso ist es mit dem **Raum**. Während der Expansionsphase wird der Raum ständig größer oder, anders ausgedrückt, **entsteht** laufend neuer Raum, und während der Kontraktionsphase wird der Raum ständig kleiner oder, anders ausgedrückt, **verschwindet** laufend der Raum.

Auch die **Zeit** beginnt während der Expansionsphase wieder zu laufen, und zwar in Plus-Richtung, und wächst quasi, während sie im Laufe der Kontraktionsphase in Minus-Richtung läuft und quasi wieder kleiner wird.
Auch das Gesamtergebnis des Raums und der Zeit bleibt deswegen unter dem Strich gleich 0.

Aus der Materie wird immer wieder neues **Leben entstehen**, das sich im Zuge neuer Evolutionen weiterentwickelt und perfekter wird. Später wird immer wieder **Leben zerstört** und in Materie bzw. Energie zurückgewandelt.
Es handelt sich um ein System, das sozusagen immer wieder anfängt zu laufen, sich zu entwickeln, um schließlich in Übertreibungen zu münden. Diese Übertreibungen entsprechen den Umkehrpunkten der Expansion und Kontraktion.

Es müssen an dieser Stelle noch einige Bemerkungen zum Wesen der Energie gemacht werden. Es ist uns bekannt, daß Energie immer als **Quanten** besteht, d. h. laienhaft ausgedrückt, als *kleine Pakete*, als kleine Teilchen also. Dies bedeutet wiederum, daß die Vergrößerung bzw. die Verkleinerung der Energiemenge nicht fließend geschieht, sondern in kleinen Stufen. Es gibt z. B. 1 Quant, 2 Quanten, 3 Quanten usw. jedoch nichts dazwischen.

Der Grund dieses Phänomens liegt **nach einer weiteren Theorie von mir** darin, daß die Voraussetzung für die Entstehung jeglicher Existenz die Entstehung einer **Resonanz** ist, zur Verstärkung und Aufrechterhaltung. Für eine Resonanzbildung ist immer eine bestimmte Größe und Form erforderlich.

Wie eine Resonanz entsteht und wie sie sich auswirkt, wollen wir uns anhand von zwei Beispielen vergegenwärtigen:

1. Eine Orgelpfeife muß eine bestimmte Länge haben, damit dort bei einer bestimmten Frequenz Resonanz entstehen kann:

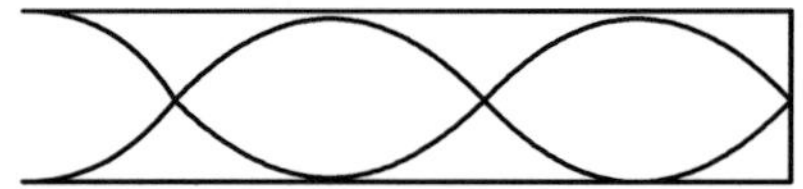

Die Resonanz führt zu einer erheblichen Verstärkung, längeren Aufrechterhaltung und Verschönerung des jeweiligen Tones bzw. der jeweiligen Frequenz. Ohne die Resonanzentstehung wäre der Ton kaum hörbar.

2. Ein Kammersänger bzw. eine Kammersängerin lernt, durch Tieferstellung des Kehlkopfes und entsprechende Verformung des Mundes und der Lippen die jeweils notwendige Resonanz zu erzeugen, die zu einer erheblichen Verstärkung und Verschönerung des Gesanges führt.
Die Entstehung der Resonanz, die einen bestimmten Raum, d. h. Größe und Form haben muß, ist also die Voraussetzung.

Sehr nützlich zwecks besserer Vorstellung dieser Vorgänge ist ferner das Beispiel Wasser. Wenn man Wasser fangen will, braucht man einen Behälter, sonst fließt das Wasser weg, wobei dieses Beispiel insofern nicht ganz richtig ist, als in diesem Fall die Größe des Behälters belanglos wäre, im Gegensatz zu der Größe der Quanten.

Außerdem wäre die **Quantelung der Energie** erforderlich bei der Spaltung von 0 zu einem Minus- und einem Pluswert von genau derselben Größe, damit sich genau dieselbe Zahl bzw. Menge ergibt. Eine Kugel kann z. B. nur mit einer bestimmten Zahl von Kugeln gefüllt werden usw.

Im Rahmen dieses Buches ist es leider nicht möglich, noch ausführlicher auf diese sehr interessanten Vorgänge einzugehen. Deswegen wird wegen der erheblich ausführlicheren Darstellung dieser Phänomene auf **meine diesbezüglichen Theorien und wissenschaftlichen Arbeiten verwiesen, die die Probleme der Quantentheorie und der Heisenbergschen Unschärferelation erklären und lösen.**

Der menschliche Verstand und die menschliche Logik arbeiten meistens nach einem bestimmten Schema und sind in eine bestimmte Richtung gerichtet. Wir sind deswegen gewöhnt, bei einem Geschehen bzw. bei einer Aktion sofort zu fragen bzw. nach der **Ursache**, nach dem Grund und nach dem **Verursacher** bzw. nach demjenigen zu suchen, der dies verursacht bzw. gemacht hat.

Der Mensch hat also ein enormes *Kausalitätsbedürfnis*. Für jede Sache wird eine Ursache gesucht. Ohne Ursache also keine Befriedigung. Diese Ursachen, die immer wieder für die verschiedenen Dinge unterstellt worden sind, sind natürlich im Laufe der Geschichte je nach Wissensstand ganz verschieden gewesen und haben sich meistens immer wieder nach dem jeweiligen Stand der Wissenschaft als falsch erwiesen. Zum Beispiel hat im Mittelalter die Pest Millionen Menschen bei großen Epidemien vernichtet. Das Kausalitätsbedürfnis der Menschen hat damals bei dem damaligen Stand der Wissenschaft die These vertreten, daß etwa schlechte Düfte die Ursache der Pest wären, und man hat sogar einige Menschen für diese schreckliche Erkrankung verantwortlich gemacht und auch bestraft. Erst einige Jahrhunderte später hat es sich herausgestellt, daß es sich bei der Pest um eine Infektionskrankheit handelt, die durch Bakterien namens Yersinien (Yersinia Pestis bzw. früher Pasteurella Pestis) verursacht und durch Rattenflöhe verbreitert und übertragen wird. Ohne eine Ursachenerklärung, wie falsch auch die damalige Annahme gewesen sein mag, wären die Menschen im Mittelalter nicht zufrieden gewesen.

Im Universum existiert jedoch nicht immer ein Verursacher für die verschiedenen Phänomene, sondern **verschiedene Phänomene bedingen sich öfter selbst und gegenseitig.** Zum Beispiel dreht die Planeten bekanntlich keiner, sondern sie drehen sich von selbst. Auch die erste Umdrehung hat bekanntlich keiner herbeigeführt, sondern ist von selbst und durch Zufall entstanden.

Bei einer flüchtigen Beobachtungsweise würde es also so aussehen, als ob aus einem wohlgemerkt scheinbaren „Nichts" ohne sichtbaren Grund laufend „etwas" entsteht und ebenfalls ohne einen sichtbaren Grund wieder verschwindet. Der Ruf nach einem Schöpfer mag deswegen verständlich erscheinen.
Wie ich jedoch oben gezeigt habe, ist diese Denkweise nicht immer richtig und nicht in der Lage, die Vorgänge im Universum zu erfassen und deren tatsächlichen Grund zu finden.
Wir müssen uns also von dieser Art Denkweise lösen, um die wahren Vorgänge im Universum zu verstehen. Wir müssen außerdem erheblich mehr in die Tiefe gehen, um z. B. die Gesamt- und Einzelvorgänge im Universum zu verstehen, wie z. B. die Entstehung der Sterne, der Untergang der Sterne, die Entstehung der Galaxien, die Quasare, das Entstehen und das Wesen des Lebens usw.

Es handelt sich um ein reell-virtuelles System. Das ganze Universum ist reell, aber gleichzeitig auch virtuell. Alles ist äußerst flüchtig und nicht von großer Dauer. Alle Erscheinungen, alle Sterne, Planeten usw. scheinen zwar reell zu sein und sind auch in der Gegenwart reell, auf Dauer gesehen sind sie aber virtuell und sehr flüchtig.

Das System Universum ist vergleichbar mit einer Sinuswelle,

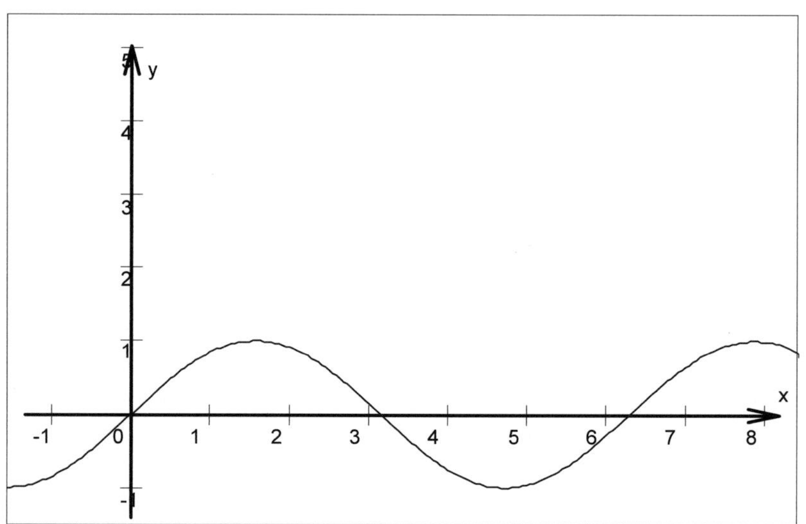

wobei die Welle des Universums mit der Zeit nicht immer weiter fortschreitet, sondern nach einer Schwingung immer wieder zurückkommt, da die Zeit nach einer Schwingung wieder zurückläuft.
Wo wir uns den Anfang, die Mitte oder das Ende des Universums vorstellen, ist unserem Geschmack überlassen, da das Universum eigentlich keinen Anfang oder Ende hat.

Es ist äußerst wichtig, darauf hinzuweisen, daß man die Sachen im ganzen sehen muß, um sie besser verstehen zu können, d. h. beide bzw. komplette Phasen. Folgende Beispiele helfen uns, dies klarzumachen:

Beispiel 1: Wenn wir z. B. **nur eine Phase** oder **einen Teil** der Erdrotation betrachten (nur Tag oder nur Nacht) oder nur eine Phase der Erdumkreisung um die Sonne (Frühling oder Sommer) oder auch nur einen Teil der Schöpfung (z. B. nur die Expansion des Universums), so könnten wir keineswegs verstehen, worum es geht.

Beispiel 2: Wenn wir eine Kugel in zwei Hälften aufschneiden, haben wir zwei Halbkugeln. Wenn wir uns **eine Halbkugel** anschauen und nicht wissen, wie sie früher ausgesehen hat, würden wir feststellen, daß sie eine kugelige und eine flache Seite (die Schnittfläche) hat, und wir würden nicht ohne weiteres darauf kommen, daß sie früher auch eine andere Hälfte hatte, d. h. daß sie die Hälfte einer Kugel war und nur eine kugelige, aber keine flache Fläche hatte. Somit würde die alleinige Betrachtung und Untersuchung der Halbkugel zu falschen Vorstellungen und zu falschen Schlußfolgerungen führen.

Beispiel 3: Wenn wir ein Quadrat durch einen Parallelschnitt in 2 Teile aufschneiden würden, hätten wir 2 Rechtecke. Die alleinige Betrachtung und Untersuchung dieser Rechtecke würde zu falschen Vorstellungen und Schlußfolgerungen führen. Nur die Betrachtung bzw. Vorstellung beider Teile zusammen, also die Betrachtung des **gesamten** Systems, würde zum Quadrat und somit zu dem richtigen Sachverhalt führen.

Genauso ist es mit dem Universum. Wenn wir das Wesen des Universums richtig erfassen und besser verstehen wollen, müssen wir ebenfalls beide Phasen (Expansion und Kontraktion) betrachten.

Wir müssen ferner nicht nur die Gegenwart betrachten, sondern immer auch die Vergangenheit und die Zukunft in unsere Überlegungen mit einbeziehen, wenn wir die Vorgänge im Universum richtig auffassen wollen.

Die Gegenstände und Sachen sind reell, wenn wir sie in der **Gegenwart** betrachten. Die Sache ändert sich aber total, wenn wir in unsere Überlegungen auch die **Vergangenheit** bzw. die **Zukunft** einbeziehen und uns die Frage stellen, wie es in der Vergangenheit war und wie es in der Zukunft aussehen wird.

Zum Beispiel hat es in der Vergangenheit viele Sterne gegeben, die nicht mehr existieren, und auch die Sterne, die zur Zeit existieren, werden in einigen Jahrmilliarden nicht mehr existieren.

Wenn wir heute einen Stern am Himmel sehen, ist es möglich, daß dieser Stern längst nicht mehr existent ist und wir ihn trotzdem heute sehen können, weil seine Lichtstrahlen, die er vor Milliarden von Jahren gesendet hat, uns heute auf der Erde erreichen.

Schon wenn wir die Vorgänge auf unserer Erde betrachten und darüber nachdenken, werden wir sehen, wie flüchtig die Sachen sind.

Unsere Geschichte zeigt, daß, wo früher Städte und Zivilisationen waren, heute nichts davon zu sehen ist und umgekehrt, wo früher nichts vorhanden war, Städte entstanden sind.

Wie oben bereits darauf hingewiesen, sind durch Vulkane ganze Städte vernichtet worden (z. B. die Stadt Pompeji durch den Vesuv im Jahre 79 n. Chr.). Die Oberfläche der Erde steht ferner keineswegs still, sondern wird ständig durch Erdbeben bewegt. Dadurch existieren z. B. viele Häuser nicht mehr, da sie durch die Erdbeben zerstört worden sind.

Ganze Wälder sind durch Brände vernichtet worden und deswegen nicht mehr existent.
Auch das Menschenleben ist begrenzt.
Manche Tierarten, die früher existiert haben, sind sogar restlos verschwunden, wie die Dinosaurier.

Weshalb schwingt das Universum immer weiter?

Beim Universum handelt es sich um eine riesengroße Welle.
Wir können von unserer Erde durch unsere großen Teleskope Sterne sehen, die mehrere Milliarden Lichtjahre von uns entfernt sind, d. h. wir können hier die Lichtstrahlen dieser enorm weiten Sterne empfangen, die mehrere Milliarden Lichtjahre unterwegs waren, ja wir können sogar das Licht von Quasaren empfangen, die bis zu 17 Milliarden Lichtjahre unterwegs waren. Wir können ferner die Röntgenstrahlen und die Radiostrahlung von weit entfernten Himmelsobjekten empfangen, die ebenfalls seit beachtlicher Zeit unterwegs waren. Sowohl bei Licht als auch bei den Röntgenstrahlen sowie bei den Radiowellen handelt es sich bekanntlich um elektromagnetische Wellen.
Der Grund dafür, daß wir diese Wellen von Himmelsobjekten, die Milliarden Jahre von uns entfernt sind, hier empfangen können, liegt darin, daß sie **praktisch verlustfrei immer weiter schwingen**, und dies ist wiederum u. a. dadurch begründet, daß diese Wellen sich in einem **Resonanzzustand** befinden. Das Resonanz-Phänomen, wofür oben weitere Beispiele angeführt worden sind, spielt in der Natur eine überragende Rolle und sorgt praktisch für die Ewigkeit vieler Erscheinungen (wegen der näheren Einzelheiten siehe **meine diesbezüglichen wissenschaftlichen Arbeiten, insbesondere über die elektromagnetischen Wellen).**

Deswegen hat auch das Universum stets geschwungen und wird auch bis in alle Ewigkeit immer weiterschwingen.

Wie können wir uns die laufende Entstehung und den ständigen Schwund der Energie bzw. der Energiemenge im Universum vorstellen?

Anhand von 2 Beispielen möchte ich versuchen, dies verständlich und vorstellbar zu machen:

1. Wir betrachten zunächst eine **elektromagnetische Welle,** vereinfacht dargestellt durch eine Sinuswelle:

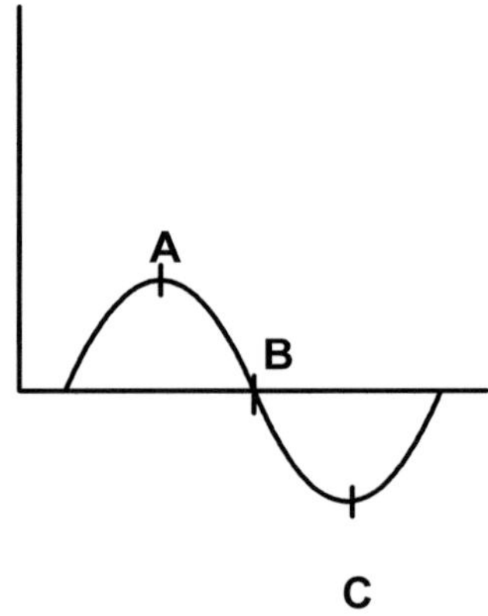

Wir nehmen einmal an, daß diese Sinuswelle eine elektrische Spannung repräsentieren würde. Wenn wir an verschiedenen Punkten dieser Sinuswelle Messungen durchführen würden, so würden wir feststellen, daß selbstverständlich an verschiedenen Punkten verschiedene Werte gemessen würden. Zum Beispiel wäre am Punkt B (d. h. beim Durchgang durch die 0-Linie) der gemessene Wert gleich 0, während bei Punkt A der Wert maximal groß, z. B. +400 Volt, und bei Punkt C der Wert gleich –400 Volt wäre. Bei allen anderen Punkten dazwischen würden wir verschiedene Werte ermitteln, die dazwischenliegen.

Anhand der Sinuswelle können wir uns also klarmachen, wieso aus 0 Energie entstehen kann, wieso die Energiemenge des Universums variabel ist und wie die Energie wieder verschwinden kann.
Solange es sich um kleine Wellen handelt, d. h. solange die Abstände zwischen diesen Punkten klein sind, könnten wir die Sache gut verstehen. Wenn es sich aber um eine riesengroße Welle handeln würde, d.h. wenn die Entfernungen zwischen den einzelnen Punkten, an denen Messungen vorgenommen werden, mehrere Kilometer oder sogar Lichtjahre betragen würden, wenn wir von einer solchen Welle nur ein Stück bzw. einen Punkt herausreißen und getrennt betrachten würden oder wenn wir keine Ahnung hätten, daß es sich um eine Welle handelt, so würden wir die Sache nicht mehr verstehen. Zum Beispiel würde eine Person, die am Punkt A einen Wert von +400 V misst, überhaupt nicht verstehen können, weshalb ihr Kollege beim Punkt B nur einen 0-Wert ermittelt. Er würde sich immer wieder fragen, was ist aus der hohen Spannung von 400 V geworden, und umgekehrt würde der Kollege am Punkt B sich fragen, wieso ist aus dem 0-Wert ein Wert von 400 V entstanden und woher.

Die Einzelbetrachtung dieser Punkte, ohne Kenntnis von der Gesamtheit der Welle, würde

also zu völlig falschen Schlußfolgerungen führen. Exakt dies ist aber unsere heutige Betrachtungsweise des Universums und die Ursache des krampfhaften Festhaltens an einem illusionären und völlig absurden Urknall.

Wir werden also die Sache nur erklären bzw. enträtseln können, wenn wir die gesamte Schwingung der Welle bzw. eine vollständige Schwingungsperiode betrachten würden. Dann würden wir sehen, daß nur die **Gesamtbetrachtung** dieser verschiedenen Energiepunkte zum richtigen Begreifen des Phänomens führt. Im übrigen haben die einzelnen Punkte dieser Welle ebenfalls eine Phasenverschiebung gegeneinander, so daß hierbei auch das Phänomen der Phasenverschiebung der Energiezustände und das 0-Ergebnis studiert und klargemacht werden kann. Es ist dabei völlig gleichgültig, wie lange diese Phasenverschiebung dauert, ob Millisekunden oder Milliarden Jahre.

Bei unserem Universum handelt es sich ebenfalls um eine Welle, auch wenn sie riesengroß ist. Die Größe der Welle ist bei dieser Betrachtung völlig belanglos. Und **wir machen bei unseren Bemühungen, das Rätsel des Universums zu lösen und zu begreifen, genau denselben oben geschilderten Fehler, indem wir einseitig nur einen Abschnitt des Universums betrachten oder nur einen Zeitabschnitt.** Es handelt sich hierbei um einen historischen Fehler, der sich in der Geschichte der Astronomie wie ein Faden durchgezogen hat, wie wir im Kapitel 8 dargestellt haben.

2. **Unsere Erde** umkreist bekanntlich die Sonne mit einer Geschwindigkeit, die nicht ganz konstant ist. Diese Geschwindigkeit wird bekanntlich größer, d. h. es entsteht eine positive Beschleunigung, wenn die Erde sich der Sonne nähert, und wird langsamer, d. h., es entsteht eine negative Beschleunigung bzw. Abbremsung, wenn die Erde sich von der Sonne wieder entfernt. Wenn wir nun die kinetische Energie der Erde zu einem Zeitpunkt untersuchen bzw. messen würden, an dem sich die Erde in der Nähe der Sonne befindet, und keine Kenntnis davon hätten, daß die Erde die Sonne umkreist und die jeweiligen Abstände von der Sonne nicht konstant sind, so würden wir sehr erstaunt sein, wenn wir ein halbes Jahr später, wenn sich die Erde von der Sonne wieder entfernt hat, die Messung nochmals wiederholen und feststellen würden, daß die kinetische Energie der Erde kleiner geworden ist. Ohne Kenntnis davon, daß die Erde die Sonne umkreist und dabei der Abstand von der Sonne kleiner und größer wird, würden wir das Rätsel nicht lösen und das beobachtete Phänomen nicht verstehen können. **Genauso ist es mit dem Universum. Wenn wir nur einen kleinen Abschnitt davon untersuchen würden oder nur einen relativ kleinen Zeitabschnitt, würden wir zu völlig falschen Ergebnissen kommen.**

Im übrigen möchte ich an dieser Stelle darauf hinweisen, daß eine **Kreisbewegung** und eine **harmonische Schwingung** physikalisch wesensgleich sind. Dies kann man sich z. B. sehr einfach und elegant verständlich machen: Wenn wir einen Kreis in der Mitte entlang eines Durchmessers aufschneiden und nebeneinander aufstellen würden, so hätten wir eine sinusförmige harmonische Schwingung mit einer Dauer von einer Periode:

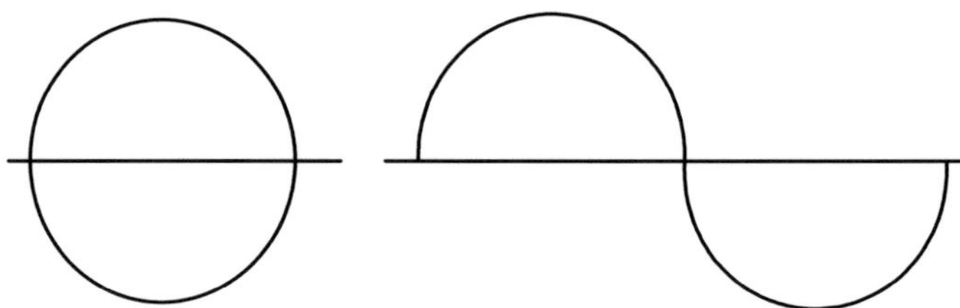

Sowohl **kreisförmige Bewegungen** (z. B. Umkreisungen der Planeten um ein Zentralgestirn) als auch **harmonische Schwingungen** haben im Universum die Funktion einer Stabilisierung bzw. Verewigung, d. h. die **Funktion der Erhöhung der Überlebenschancen** der betreffenden Objekte bzw. Erscheinungen (z. B. Planeten, elektromagnetische Wellen bzw. Licht).
Sie sind das Gegenteil von Chaos bzw. chaotischen Zuständen im Universum, was zur Zerstörung der jeweiligen Objekte führt, wenn daraus keine Ordnung wird.
Es muß sich um eine kreisförmige Bewegung handeln (wobei es sich nicht unbedingt um einen idealen Kreis zu handeln braucht, sondern auch ovalförmig sein kann), da eine gradlinige Bewegung eines Himmelsobjekts früher oder später zu einer Kollision mit einem anderen und somit zur Zerstörung führen würde.

Bei den Umkreisungen handelt es sich um lokale bzw. fast lokale Phänomene, während harmonische Schwingungen bzw. elektromagnetische Wellen bzw. Licht sich bekanntlich ausbreiten. Sie können sogar Riesendimensionen im Universum überqueren, wie z. B. das Licht der Quasare.

Unsere physikalischen Gesetze sind fast ausschließlich aufgrund von Beobachtungen und Experimenten auf der Erde aufgestellt worden. Einige Gesetze, wie z. B. das Newtonsche Gravitationsgesetz, sind aufgrund von Beobachtungen der Planeten entstanden, d. h. innerhalb unseres Sonnensystem.
Die Dimensionen unserer Erde und auch unseres Sonnensystems sind aber verschwindend klein im Vergleich zu den riesigen Dimensionen des Universums, die viele Milliarden Lichtjahre betragen. Unsere physikalischen Gesetze sind ferner höchstens nur wenige tausend Jahre alt. Auch das ist im Vergleich zum Alter des Universums von vielen Milliarden Jahren verschwindend klein.
Es wird meistens behauptet, daß unsere gesamten physikalischen Gesetze für das ganze Universum gültig sein sollen. Ich bin keineswegs so sicher. Wenn dem so sein soll, müßten zumindest viele Korrekturzahlen mitberücksichtigt werden, die uns jedoch für die anderen Bereiche des Universums nicht ausreichend bekannt sind, weil wir wissen, daß anderswo um Universum völlig andere Bedingungen vorhanden sein müssen. Die Berücksichtigung von vielen Korrekturfaktoren könnte zumindest das Ergebnis unserer Gesetze so beeinflussen, daß kaum mehr Ähnlichkeiten zu erkennen wären (s. in diesem Zusammenhang auch **mein Buch „Revolution der Astronomie und Physik "**) .

Bei aller Liebe zu unserer Physik und zu unseren physikalischen Gesetzen ist es ausgeschlossen und völlig unvorstellbar, daß der Energieinhalt des ganzen Universums gleich und unveränderbar sein soll.

Wie soll etwa am Anfang des Universums die gesamte Energie des Universums mit der jetzigen Dimension von mehreren Milliarden Lichtjahren in fast einem Punkt konzentriert gewesen sein?

Wie soll sich das Universum seit mehreren Milliarden Jahren ausgedehnt haben trotz der bei einer punktförmigen Konzentration sich ergebenden **gigantischen Gravitationen,** und sogar nach Milliarden Jahren heute immer noch mit weiter beschleunigten Geschwindigkeiten, die fast der Lichtgeschwindigkeit entsprechen?

Wie soll ferner mit einer Energiemenge, die in einem Punkt konzentriert gewesen sein soll, das ganze Universum von zur Zeit mehreren Milliarden Lichtjahren ausgefüllt worden sein?
Nicht einmal die phantasievollen Bezeichnungen wie „der Urknall" könnten dies auch nur ungefähr vorstellbar machen.

Wie soll diese beschleunigte Geschwindigkeit von annähernd Lichtgeschwindigkeit gestoppt und in eine Kontraktion übergehen?

Woher stammt diese gesamte Energie des Universums, und wer hat sie erzeugt bzw. geschaffen? Und *wie*? Und so weiter, und so weiter.

Im übrigen wird aufgrund von neuesten Beobachtungen und Experimenten aus dem Bereich der Quantenphysik bestätigt, daß scheinbar von nichts laufend Materie entsteht (sogenannte Quantenfluktuation) und daß sogar im völlig „leeren" Raum, nämlich im Vakuum, laufend Energie entsteht (aus Elementarteilchen) und umgekehrt. Dies bestätigt und beweist ausdrücklich meine DPNS-Theorie.

Ich muß Ihre abstrakte Vorstellung noch etwas mehr strapazieren.

Nicht nur die Energiemenge des Universums ist veränderlich, sondern auch der Raum und die Zeit des Universums, und zwar ähnlich wie bei einer Sinuswelle. Dies bedeutet, daß sowohl die Energiemenge als auch der Raum sowie die Zeit langsam zunehmen und gegen unendlich neigen, dann wieder langsam kleiner werden und gegen Null neigen. **Ein Urknall oder etwas Ähnliches findet selbstverständlich <u>nicht</u> statt.**

Das laufende Entstehen bzw. Verschwinden der Energie des Universums, das ständige Größer- bzw. Kleinerwerden des Raums und das Fortschreiten und Zurücklaufen der Zeit können nur verstanden werden, wenn immer die _beiden_ Phasen des Universums zusammen betrachtet, wie oben bereits beschrieben, und als einheitliches Ganzes gesehen werden. Es muß immer eine vollständige Schwingung der Sinuswelle betrachtet werden, und nicht etwa eine halbe Welle oder ein kleiner Abschnitt, damit der volle Sachverhalt erfaßt werden kann.

Also nur wenn wir beide Phasen zusammen betrachten, werden wir verstehen, daß tatsächlich keine Energie sozusagen aus nichts entsteht und auch nicht ganz verschwindet, sondern daß lediglich ihre Größe variabel ist, genauso wie bei jeder Welle. Genauso ist es mit dem Raum und mit der Zeit.

Wir wollen zum Schluß nochmals über das Universum sowie über sein Wesen und seine Entstehung intensiv nachdenken und das Problem gedanklich und logisch analysieren.
Es gibt rein theoretisch nur zwei Möglichkeiten:

1. Es war schon am Anfang alles vorhanden, wenn auch in einer anderen Form, z. B. als eine riesengroße Energiemenge. Es tauchen hier sofort 2 Fragen auf :

Wer hat das alles schon am Anfang geschaffen? Und wer hat denjenigen geschaffen, der das alles geschaffen hat? Diese Frage führt ad absurdum und kann nicht logisch beantwortet werden. **Deswegen ist diese Möglichkeit ausgeschlossen**.

2. Es war am Anfang „gar nichts" vorhanden und alles ist irgendwann entstanden. Hier gibt es nur zwei Möglichkeiten:

   a. Jemand hat das alles geschaffen. Hier tauchen wiederum 2 Fragen auf:

   Wer hat das alles geschaffen? (und wie?) Und wer hat wiederum denjenigen geschaffen, der das Universum seinerseits geschaffen hat? Diese Frage führt ebenfalls ad absurdum und ist nicht beantwortbar. **Deswegen ist auch diese Möglichkeit ausgeschlossen.**

   b. Keiner hat das alles geschaffen. Es entsteht und verschwindet von selbst. **Das ist die einzige Möglichkeit, die theoretisch in Frage kommt.**

Es ist oben bereits angedeutet worden, daß die Natur mit **Wahrscheinlichkeiten** arbeitet. Wenn wir uns mit ihr beschäftigen, werden wir diese Tatsache sehr schnell feststellen können. Die **Wahrscheinlichkeit** spielt in der Natur sogar eine enorm große Rolle und ist fast die Regel. 2 Beispiele mögen dies besser anschaulich machen:

1. Wenn es regnet, regnet es aus den Wolken nicht etwa flächenhaft, sondern in Form von Regentropfen, d. h. punktförmig. Die Regentropfen entstehen also nicht etwa überall und flächenförmig, sondern als Kondensationspunkte an verschiedenen Punkten, die nach Wahrscheinlichkeitsregeln mehr oder weniger zufällig im Raum verteilt sind.

2. Wenn wir etwas Sand in die Hand nehmen und über eine Fläche verstreuen würden, so würden wir sehen, daß die Verteilung der Sandkörner stets ungleichmäßig ist. Wenn wir diesen Vorgang wiederholen würden, so würden wir feststellen, daß jedesmal ein anderes Muster zustande kommt und daß diese Muster so gut wir nie gleich sind.

Die Wahrscheinlichkeit spielt also im Universum eine entscheidende und überragende Rolle.

Es ist wichtig, daß wir unsere Vorstellung von Begriffen bzw. Zuständen insofern auch ändern bzw. richtigstellen, nämlich daß wir uns klarmachen, daß das Gegenteil von Stillstand bzw. 0-Bewegung nicht Bewegung, sondern Bewegung mit unendlicher Geschwindigkeit ist:

Stillstand ⎯⎯⎯⎯→ Bewegung ⎯⎯⎯⎯→ Bewegung mit unendlicher Geschwindigkeit

Da häufige Zustände oft anzutreffen und am wahrscheinlichsten und seltene Zustände rar und am wenigsten wahrscheinlich sind, erklärt dies gleichzeitig, weshalb im Universum Bewegung die Regel ist, da sie am wahrscheinlichsten ist, und weshalb Stillstand bzw. unendliche Geschwindigkeiten äußerst selten sind, weil sie seltene bzw. extreme Zustände darstellen und deswegen am unwahrscheinlichsten sind. Diese kommen praktisch nur am Anfang und am Ende des Universums vor, und dies nur für sehr kurze Zeit. Deswegen haben wir es im Universum praktisch nur mit Bewegungen zu tun, die sich nur durch ihre verschiedensten Geschwindigkeiten, Beschleunigungen, Richtungen und Formen (Rotaion, kreisförmige Bahnen, verschiedene ovale Bahnen usw.) voneinander unterscheiden.

Genau das ist auch der Grund, weshalb wir es sogar im molekularen Bereich praktisch nur mit Bewegungen bzw. Schwingungen zu tun haben: Zum Beispiel schwingen Elektronen um die Kerne der Atome, Atome schwingen ihrerseits mit erstaunlicher Genauigkeit, und sogar innerhalb der Moleküle gibt es Schwingungen der Atome und Atomgruppen, die bei größeren organischen Molekülen äußerst vielfältige und komplizierte Formen annehmen.

Bewegung ist also die Regel und Stillstand die seltene Ausnahme.

Es ist oben bereits erwähnt worden, daß das Gegenteil des Begriffes „nichts" nicht „etwas", sondern „alles" ist, wobei beide Zustände „nichts" und „alles", wie man sich leicht vorstellen kann, Ausnahmezustände sind.

Nichts ————→ Etwas ————→ Alles

Hier möchte ich nunmehr etwas ausführlicher darauf eingehen .

Der Wahrscheinlichkeitszustand „etwas" ist somit am wahrscheinlichsten und deswegen am häufigsten und in der Regel anzutreffen, während die möglichen Zustände „nichts" und „alles" äußerst wenig wahrscheinlich und somit äußerst selten und nur sehr kurz anzutreffen sind.

Wenn wir uns also mit dem Universum beschäftigen, müssen wir uns darauf einstellen, daß wir mit äußerst großer Wahrscheinlichkeit fast immer den Zustand „etwas" vorfinden werden. Das ist exakt das, was wir heute vorfinden, wenn wir uns mit der Natur beschäftigen. Das wäre *vor* einigen Milliarden Jahre genauso wie *in* einigen Milliarden Jahren.

Der Zustand „alles" wird nur am Ende des Universums vorhanden sein, und dies äußerst kurz.

Und irgendwann wird der Zustand „etwas" immer weniger werden und **schließlich in Richtung 0 bzw. „nichts" neigen. Dieser 0-Zustand ist der Anfang des Universums, wird ebenfalls äußerst kurz bestehen bleiben** und geht sehr schnell wieder in den Zustand von „etwas" über, wird immer mehr und erreicht nach einigen Milliarden Jahren den gegenwärtigen Zustand, der immer noch einen Zustand von „etwas" darstellt.

Diese Zyklen des Universums werden nie zu Ende gehen, sondern sich immer weiter wiederholen und sich bis in alle Ewigkeit fortsetzen.

Es ist letzten Endes eine reine Definitions- bzw. Vorstellungsfrage, was wir als den Anfang und das Ende des Universums bezeichnen und begreifen. An den Tatsachen ändert sich dabei jedoch überhaupt nichts.

Wenn wir also die Möglichkeit hätten, unser Universum über Milliarden Jahre hinweg von „außen" zu beobachten (eine Sache, die jedoch aus Gründen, auf die im Rahmen dieses Kapitels nicht eingegangen werden kann, völlig ausgeschlossen wäre), so würden wir fast immer den Zustand „etwas" feststellen können, da sie einen erheblich höheren Wahrscheinlichkeitsgrad hat, während die Extremzustände „alles" oder „nichts" äußerst selten wären und deswegen nur sehr kurz beobachtet werden könnten.
Und wenn wir unsere Beobachtung des Universums über mehrere Milliarden Jahre hinweg fortsetzen würden, so würden wir sogar das Universum in der Kontraktionsphase beobachten können, wo sich alles als Antimaterie vorfindet.

Diese andere Phase des Universums bleibt uns sozusagen **verborgen**, da sie um mehrere Milliarden Jahre versetzt ist, d. h. eine riesengroße Phasenverschiebung hat. An den Tatsachen bzw. Gesetzen ändert sich jedoch durch diese Verschiebung, wie oben dargestellt, nichts.

Das Phänomen vom Verborgensein bzw. Erscheinen und Verschwinden kommt im übrigen in der Natur ebenfalls häufig vor, wenn auch meist in anderer Form.

Meine DPNS-Theorie macht u. a. auch folgende Beobachtungen bzw. Tatsachen erklärbar, die ihrerseits gleichzeitig die Richtigkeit dieser Theorie unterstreichen und beweisen:

1. Alles ist flüchtig und vergänglich :

Diese Theorie erklärt sehr gut, weshalb alles im Universum sehr **flüchtig und vergänglich** ist. Denn das Universum ist, wie wir gesehen haben, praktisch ohne eine bleibende eigentliche Substanz; alles, was existiert, ist im Laufe der Expansion entstanden, ist praktisch geliehen und wird wieder vernichtet werden, um dann erneut entstehen zu können. Es ist genauso wie ein Kredit, der gegeben wird und wieder zurückgegeben werden muß.

Deswegen **muß** alles sehr flüchtig sein, da nichts auf Dauer angelegt ist, sondern nur auf Zeit. Wäre eine dauernde Substanz vorhanden, so wäre keineswegs alles flüchtig und vergänglich, weil dies nicht notwendig gewesen wäre.

Deswegen unterstreicht diese Tatsache die Richtigkeit dieser Theorie und beweist sie gleichzeitig.

Alles hat sich im Universum daran angepasst, **das ist auch einer der Gründe, weshalb auch das Leben begrenzt ist.**

2. Im Universum entsteht fast alles von selbst :

Zum Beispiel entstehen alle Bewegungen, wie **Rotationen** und **Umkreisungen,** ganz von selbst.

Wir wissen ferner, daß die **Sterne und Galaxien ebenfalls ganz von selbst entstehen.** Es bilden sich sogar **auch Temperaturen von mehreren Millionen Grad** von selbst durch Ingangsetzen der thermonuklearen Reaktionen in den Zentren der Sterne.

Deswegen ist es nicht verwunderlich und sogar sehr folgerichtig und logisch, daß das ganze Universum ebenfalls ganz von selbst entstanden ist.

3. Die Dynamik ist ein fester Bestandteil des Universums, da ohne Dynamik sich nichts entwickeln kann und auch nichts wieder verschwinden kann.

Wäre das Universum immer in dieser gegenwärtigen Form existent gewesen und die ganze Materie stets vorhanden gewesen, so wäre eine Dynamik überflüssig.

4. Wir wissen seit Hubble, daß das Universum sich zur Zeit expandiert, und zwar mit einer beschleunigten Geschwindigkeit. **Eine beschleunigte Geschwindigkeit bzw. eine Beschleunigung muß aber irgendwann einen Anfang gehabt haben und irgendwann ihr Maximum erreichen . Da alle Vorgänge im Universum zyklisch sind, d. h. immer wieder zurückkehren, muß es eine**

Rückkehr und schließlich wieder einen Neuanfang geben.

Dies unterstreicht ebenfalls die Richtigkeit dieser Theorie und ist gleichzeitig ein weiterer Beweis dafür.

5. Die direkte Konsequenz der Entdeckung von Hubble, daß sich das Universum ausdehnt, ist, daß der Raum ständig größer wird, also ständig neuer Raum entsteht. Wir wissen andererseits aus den neueren Experimenten der Quantenphysik, daß der Raum nicht leer ist, sondern Energie enthält. **Deswegen muß mit dem ständigen Entstehen des neuen Raumes auch ständig Energie entstehen.**

6. Aus meinen Argumentationen gegen die Richtigkeit der Urknalltheorie geht hervor, daß nicht die ganze Energie bzw. Materie des Universums von vornherein vorhanden gewesen sein kann. Die einzige Konsequenz dieser Feststellung ist, daß **die Energie bzw. die Materie nach und nach im Laufe der Expansion des Universums entstanden sein muß.**

Diese Theorie basiert auf den Gesetzen und Prinzipien der Mathematik und Physik, auf Beobachtungen und Experimenten der Physik, auf Naturgesetzen sowie auf den Beobachtungen der Natur, wie dies alles oben

ausführlich dargestellt worden ist. Gleichzeitig wird diese Theorie dadurch bewiesen.

Ergänzend möchte ich zum Schluß insbesondere auf meine folgenden wissenschaftlichen Arbeiten verweisen: „Hinter den Quasaren", „Leuchtfeuer am Scheitelpunkt des Universums", „Am Anfang war es ganz düster", „Die pränatale Galaxie- und Sternentwicklung bzw. die Entstehung der Materie", „Das Geheimnis der Galaxien", „Wo befinden wir uns im Universum?", „Reise tief ins Universum", „Das verzerrte Universum", „Wir rasen durchs Universum", „Ist die Bezeichnung Raum-Zeit-Kontinuum sinnvoll?", „Entfernung als Maßstab für die Vergangenheit?", „Das Alter des Universums", „Weshalb ist das Universum so groß?", und möchte darauf hinweisen, daß jede wissenschaftliche Arbeit u. a. mindestens eine Theorie von mir beinhaltet.

Kapitel 12

Entstehung und Evolution

des Lebens auf der Erde

Wie ist das Leben auf der Erde entstanden?
Wie ist der Mensch entstanden?
Wieso gibt es so viele Arten auf der Erde?

Das Leben entstand auf der Erde vor ca. 4 Milliarden Jahren, d. h. schon ca. 0,6 Milliarden Jahre nach der Entstehung der Erde.

Bevor das Leben auf der Erde entstehen konnte, hatten die vorhandenen Atome ca. 600.000 Millionen Jahre und somit ausreichend Zeit, sich rein **zufällig** miteinander zu verbinden. Damit konnte durch Zufall eine enorm große Zahl von Molekülen praktisch mehr oder weniger ausprobiert und sozusagen frei experimentiert werden, wie das in der Natur häufig der Fall ist.
Verbindungen, die sich bewährt hatten, haben sich weiterentwickelt, die anderen wurden wieder eliminiert. Irgendwann sind dann schließlich auch größere und

kompliziertere Moleküle entstanden, wie die Nukleinsäure-Moleküle einschließlich **DNA**.

DNA-Moleküle haben ungeahnte Eigenschaften und unterscheiden sich dadurch deutlich von anderen organischen Molekülen.

Die DNA-Moleküle haben z. B. bereits die **aktive** Fähigkeit der **identischen Reproduktion** (Vermehrung unter Erzeugung von gleichen Nachkommen durch Weitergabe der Erbsubstanz), Aufbau und Aufrechterhaltung eines **Stoffwechsels**, die Fähigkeit, **Wachstum** und Organisationen zu veranlassen, wie z. B. durch Zellbildung usw. **Es handelt sich hierbei um Eigenschaften, die für die Lebewesen charakteristisch sind** und sie von der toten Materie unterscheiden.

Über die Bildung von Enzymen können sie ferner Befehle geben, d. h., sie geben selbst **aktiv** die entsprechenden Kommandos.

Um ein Leben aufzubauen, aufrechtzuerhalten und zu verwirklichen, brauchen die DNA-Moleküle einige Hilfsmittel, die sie selbst aufbauen können. Es handelt sich dabei um Enzyme und Strukturen einer Zelle, wie Energieerzeugungsfabriken etwa in Form von Mitochondrien, und Eiweisaufbaustätten, wie die Ribosome der Zellen.

Zum besseren Verständnis kann dies z. B. verglichen werden mit einem Handwerker (z. B. ein Schreiner), der, um seinen Beruf ausüben zu können, Werkzeuge bzw. eine Werkstatt braucht. Der Schreiner selbst würde die DNA-Moleküle darstellen, seine Werkstatt wäre die Zelle,

seine Werkzeuge die Enzyme. Er bräuchte in seiner Werkstatt Tische, damit er seine Sachen zum Bearbeiten drauflegen kann, diese wären dann vergleichbar mit den Ribosomen der Zelle, als Aufbaustätte der Eiweiße, und er benötigte eine Energiequelle für seine Maschinen (Strom), dies wäre dann vergleichbar mit den Mitochondrien einer Zelle als Energiefabriken.

Wenn wir die DNA einer Zelle herausnehmen würden, so würde die Zelle absterben, da sie ohne DNA nicht lebensfähig ist.

Die DNA, die wir von der Zelle herausgenommen haben, ist aber nicht tot. In dem Augenblick, wo sie in eine neue Zelle eingeschleust wird, kann sie wieder ein Leben aufbauen.

Die DNA-Moleküle bestehen, wie bereits kurz dargestellt, aus jeweils drei Bausteinen (Base, Pentose und Phosphorsäure) und sind größere Moleküle , die als **zwei Ketten** wendelförmig In Form einer Doppelhelix angeordnet sind.

Mehrere DNA-Moleküle bilden jeweils ein **Gen**. Viele Gene bilden ein **Chromosom**.

Bei den **Basen** handelt es sich praktisch um die **Buchstaben des Lebens**, wobei es sich nur um **vier Basen bzw. Buchstaben** handelt: Cytosin, Thymin (Pyrimidin-Derivate mit jeweils einem Ring), Adenin und Guanin (Purin-Derivate mit jeweils zwei Ringen). Sie werden abgekürzt als C, T, A und G. **Das Alphabet des Lebens bzw. das Code-System der Chromosomen arbeitet also nur mit 4 Buchstaben,** und trotzdem ist es möglich, durch viele

Kombinationen die gesamten erblichen Eigenschaften eines Individuums zu speichern.

Z. B. in den Chromosomen der Menschen sind ca. 3 Milliarden Buchstaben vorhanden, dies wäre der Inhalt von **hundert Büchern mit jeweils tausend Seiten, wobei jeweils 3 Buchstaben eine Information bilden**.

Jeweils 3 Buchstaben (A, C, G, T) bilden ein Codewort, **Codon** genannt. **Jedes Codon legt eine Aminosäure beim Aufbau des Proteins (Eiweiß) fest.** Da aber nur vier verschiedene Buchstaben existieren, gäbe es theoretisch vierundsechzig verschiedene Möglichkeiten, d. h., es wären vierundsechzig verschiedene Aminosäuren möglich. Davon werden aber nur zwanzig genutzt, d. h., die Information wird zum Aufbau von nur zwanzig Aminosäuren benutzt, und die volle Kapazität wird nicht ausgeschöpft.

Für die **Vererbung**, Weitergabe der Informationen an die Nachkommen, Baupläne der Körper und Verwirklichung dieser Pläne bei allen Lebewesen, sei es Menschen, Tiere oder Pflanzen, sind ausschließlich **Chromosomen**, die aus DNA-Molekülen bestehen, verantwortlich.

Wenn nun neue Arten oder Individuen mit anderen neuen Fähigkeiten entstehen sollten, die die bisherige Art nicht besessen hat, so sind Änderungen der Chromosomen und unter Umständen sogar die Änderungen ihrer Zahl innerhalb der einzelnen Zellen erforderlich. **Wir wissen, daß die Chromosomenzahl für jede Art spezifisch ist.** Die Chromosomenzahl pro Zelle beträgt z. B. bei Menschen 46, eine Zahl, die bei allen Menschen gleich ist (mit Ausnahme einiger seltenen angeborenen Leiden, wie z. B. das Down- oder Klinefelder-Syndrom), während einzelne Tier- oder

Pflanzenarten völlig andere Chromosomenzahlen haben, die wiederum für die jeweiligen Arten charakteristisch sind.

Das erste Leben auf der Erde entstand im Wasser, d. h. im Ozean, da die Atmosphäre noch keinen Sauerstoff und somit auch keine Ozonschicht besaß, so daß die UV-Strahlen bis zu der Erdoberfläche durchdringen konnten und jedes Leben auf dem Land zerstört hätten.
Deswegen vollzog sich die Evolution zuerst im Wasser.

Die ersten Lebewesen, die entstanden, waren Einzellige (Bakterien, Protozoen).

Diese Einzelligen kannten sozusagen keinen Tod und waren praktisch in der Lage, immer weiterzuleben; sie teilten sich in gewissen Abständen in zwei Hälften, und so entstanden die Nachkommen. Es blieb zwangsläufig nie eine Leiche übrig, sondern sie konnten so immer weiterleben.

 Die weiteren Entwicklungsmöglichkeiten der Einzelligen waren aber stark begrenzt, da zur weiteren Differenzierung Zellverbände bzw. Organe erforderlich sind. Die Evolution wäre sonst schon damals zu Ende gewesen.

Deswegen war die nächste Stufe der Evolution die Entstehung von **Vielzelligen.**

Sehr erstaunlich ist jedoch, daß die ersten Vielzelligen erst vor ca. 0,5 Milliarden Jahren d.h. erst vor ca. 500 Millionen Jahren entstanden sind, obwohl, wie bereits erwähnt, das Leben auf der Erde schon seit ca. 4 Milliarden Jahren besteht. Dies bedeutet, daß ca. 3,5 Milliarden Jahre nur Einzellige auf der Erde lebten.

Für die Entstehung der Vielzelligen mußte jedoch ein sehr hoher Preis bezahlt werden, nämlich die **Sterblichkeit.**
Ein differenzierter Zellverband konnte sich nämlich nicht mehr wie die Einzelligen in zwei Hälften aufteilen und so immer weiterbestehen, sondern war bereits sterblich.

Die äußerst interessanten Phänomene Leben und Tod und viele andere Dingen in diesem Zusammenhang konnten hier leider nur gestreift werden, da sie sonst den Rahmen dieses Beitrages völlig sprengen würden. Deswegen wird wegen einer erheblich ausführlicheren Darstellung auf **mein Buch „Leben, Krankheit, Altern, Tod" verwiesen** .

Durch die Photosynthese der Pflanzen reicherte sich die Atmosphäre zunehmend mit **Sauerstoff** an, so daß in der oberen Atmosphäre eine **Ozonschicht** entstehen konnte. Diese Ozonschicht bewirkte, daß die UV-Strahlen nicht mehr bis zur Erdoberfläche durchdringen konnten. **Erst ab jetzt bestand die Möglichkeit, daß die entstandenen Lebewesen aus dem Wasser herauskommen und sich auf dem Land aufhalten konnten.**

Im Laufe der langen Evolution entstanden immer neue Arten, die weiter entwickelt, differenzierter, perfektionierter und deren Überlebenschancen größer waren. So entstanden die zahlreichen Pflanzen und Tiere, die wir kennen.

Lebewesen bzw. Arten, die erhebliche Nachteile hatten und so nicht überleben konnten, und Eigenschaften, die sich nicht bewährt hatten, wurden durch die Evolution abgeschafft.

So sind im Laufe der Evolution bis jetzt sage und schreibe ca. 500 Millionen Arten durch die Evolution ganz abgeschafft worden.

Auf der anderen Seite konnten sich bewährte Arten immer weiter entwickeln und wurden immer weiter perfektioniert. So entstanden nach und nach die vielen Arten, die auf der Erde existieren, bis zu den Säugetieren (Mammalia) mit der Unterklasse Placentalia (Placentatiere), zu der auch die Primaten (Affenartige) gehören. Hier sind auch die ersten **Menschen** entstanden, die aus einem gemeinsamen Urahnen hervorgegangen sind.

Der Urmensch entstand vor ca. 3–6 Millionen Jahren, der Frühmensch erschien vor ca. 600.000 Jahren und der Neandertaler vor ca. 300.000 Jahren. Der jetzige Mensch (Homo sapiens sapiens) ist sogar wahrscheinlich erst vor ca. 40.000–100.000 Jahren entstanden.

Was ist die Ursache der Evolution? Wer führt sie herbei?

Welche Ziele verfolgt die Evolution?

Welche Stufen hat die Evolution?

Weshalb sind die Fortschritte der Menschheit so spät gekommen?

Ist die Evolution schon abgeschlossen oder geht sie weiter?

Wie wird die weitere Evolution in Zukunft aussehen?

Weshalb sind die Dinosaurier ausgestorben?

Und viele weitere interessante Fragen …

Im Rahmen dieses Buches kann leider nicht noch ausführlicher auf diese äußerst interessanten und faszinierenden Phänomene eingegangen werden. Deswegen wird wegen der erheblich ausführlicheren Darstellung dieser und anderer Phänomene und wegen der Beantwortung der oben gestellten Fragen nochmals auf **mein Buch „Die Geheimnisse der Evolution" verweisen. Dort werde ich Ihnen auch weitere äußerst interessante Theorien von mir vorstellen und erläutern, wobei ich Ihnen an dieser Stelle nur soviel verraten möchte, daß meine Definition der Evolution erheblich weitreichender und umfassender ist als die Darwinsche Theorie.**

Kapitel 13

Wie geht es weiter?

Wohin geht die Reise? Werden wir ins Paradies kommen?
Wie lange wird unsere Erde weiter existieren? Was kommt hinter den Quasaren? Ist es dahinter hell oder dunkel?

In diesem Kapitel wollen wir darüber nachdenken und versuchen, die Frage zu beantworten, was aus uns werden wird, und ferner, was aus unserer Welt wird. Wir werden dabei wieder Schritt für Schritt vorgehen.

Das Universum wird weiter expandieren, wobei alles sich immer mehr perfektionieren wird. Es werden neue Sterne und Planeten entstehen, die eine Entwicklung durchmachen und nach Milliarden von Jahren wieder zerstört werden.
Es werden immer wieder neue Lebewesen entstehen, die erheblich weiter entwickelt und perfekter sind als wir, und immer wieder neue und perfektioniertere Zivilisationen entstehen und wieder zerstört werden.
Es werden immer größere Geschwindigkeiten entstehen, die Sterne bzw. Galaxien fliegen immer schneller im Raum, bis Geschwindigkeiten erreicht sind, die schwer zu überschreiten sind. **Aus den Galaxien, die diese Geschwindigkeiten**

erreichen, werden Quasare. An diesen Stellen wandelt sich spontan Masse in Energie um und erreicht u. a. extreme Helligkeiten, die dafür sorgen, daß diese Objekte auch bei enormen Entfernungen von ca. 18 Milliarden Lichtjahren im Teleskop sichtbar werden.

Hinter den Quasaren, also noch weiter entfernt im Universum , existieren nur noch Strahlen. Das Universum wird in diesen entfernten Regionen des Universums unheimlich, trostlos und ganz dunkel aussehen, da die Strahlen es nicht schaffen, den Himmel zu erleuchten. Es existieren auch keine Sterne am Himmel, ja nicht einmal Objekte, die die Licht-Quanten reflektieren und somit sichtbares Licht entstehen lassen, wie es z. B. auf der Erde durch Reflexion der Sonnenstrahlen entsteht. Nur die Quasare werden einige Zeit noch am Himmel sichtbar bleiben, bis auch sie restlos zerstört sind.

Von jetzt an wird die Expansion des Universums nach und nach langsamer und nach einer weiteren geraumen Zeit und nach ganz kurzem Stillstand geht die Expansion in eine Kontraktion über . Auch die Zeit kehrt um. Von da an wird das Universum immer kleiner, der Raum zieht sich langsam zusammen, aus der Energie entsteht langsam wieder Materie, die nunmehr keine Materie, sondern Antimaterie ist; es entstehen neue Sterne und Galaxien, es werden auch neue Lebewesen entstehen, die jedoch aus Antimaterie bestehen usw. Irgendwann wird das ganze Universum sehr klein werden und einen 0-Wert annehmen, und dann fängt alles wieder von neuem an.

Was uns **Menschen** anbetrifft, so werden weder wir noch unsere Nachkommen dies alles erleben. Das Ende der Menschen wird nämlich erheblich schneller kommen als das Ende des Universums. Wenn keine Atomkriege **unsere**

gesamte Zivilisation und das ganze Leben auf unserer Erde
vorzeitig zerstören bzw. auslöschen, wird das Ende
spätestens nach ca. 4–5 Milliarden Jahren kommen.

Wir wissen, daß sich die Erde laufend von der Sonne
entfernt, d. h., der mittlere Abstand der Erde von der Sonne
immer größer wird. **Dadurch wird die mittlere Temperatur
der Erde im Laufe der Jahrmillionen immer tiefer fallen,**
d. h., es wird auf der Erde immer kälter werden. Dadurch
werden Eiszeiten kommen, die im Gegensatz zu früheren
nicht auf einige Jahre begrenzt, sondern dauerhaft sind. Die
mittlere Temperatur der Erde kann auch dadurch erheblich
sinken, daß die Sonnentemperatur und dadurch die
Sonnenstrahlung schwächer werden, weil die Energie der
Sonne im Laufe der Zeit schwächer wird, da die
Energievorräte sich verkleinern. Schon durch die dauerhafte
größere Kälte wird wahrscheinlich das ganze Leben auf der
Erde schon vorzeitig zerstört werden.

Sollte dieses Schicksal uns erspart bleiben, weil die Erde
sich sehr langsam von der Sonne entfernt, **dann werden wir
ein noch schlimmeres Schicksal erleiden: Die
Sonnenenergie wird nach ca. 4–5 Milliarden von Jahren
erschöpft sein. Dadurch wird sich die Sonne innerhalb
kurzer Zeit stark aufblähen, zu einem roten Riesen
werden (das wissen wir von anderen Sternen) und
unsere gesamte Erde schlucken, bevor sie explodiert
bzw. zum weißen Zwerg wird. Das wird die reine Hölle
sein.**

Unsere Erde ist trotz der ganzen Nachteile ein Paradies,
verglichen mit vielen anderen Orten im Universum, z. B. den
Sternen. Auf der Oberfläche der Sterne herrschen enorm

hohe Temperaturen von mehreren Millionen Grad Celsius, die absolut tödlich sind. Dort ist buchstäblich die Hölle.

Im Weltraum ist es enorm kalt. Dort herrschen Temperaturen von ca. minus 273 Grad, d. h. Temperaturen in der Nähe des absoluten Nullpunkts. Deswegen ist auch dort kein Leben möglich.

Wir haben auf unserer Erde nicht nur mittlere Temperaturen, sondern auch ausreichend Wasser, Sauerstoff und Sonnenlicht, alles optimale Bedingungen fürs Leben. Sogar innerhalb unseres Sonnensystems hat unser Planet einen optimalen Platz, was z. B. die mittlere Entfernung von der Sonne anbetrifft, der das Leben auf der Erde erst ermöglicht hat.

Deswegen leben wir hier auf der Erde in einem Paradies und sollten unser Leben genießen.